国网蒙东电力
2022 年度典型违章图册

国网内蒙古东部电力有限公司　组编

中国水利水电出版社
www.waterpub.com.cn
·北京·

图书在版编目（ＣＩＰ）数据

国网蒙东电力2022年度典型违章图册 / 国网内蒙古东部电力有限公司组编. -- 北京：中国水利水电出版社，2023.5
ISBN 978-7-5226-1521-9

Ⅰ．①国… Ⅱ．①国… Ⅲ．①电力工程－违章作业－图集 Ⅳ．①TM08-64

中国国家版本馆CIP数据核字(2023)第087860号

书 名	国网蒙东电力 2022 年度典型违章图册 GUOWANG MENGDONG DIANLI 2022 NIANDU DIANXING WEIZHANG TUCE
作 者	国网内蒙古东部电力有限公司　组编
出版发行	中国水利水电出版社 （北京市海淀区玉渊潭南路 1 号 D 座　100038） 网址：www. waterpub. com. cn E - mail：sales@ mwr. gov. cn 电话：(010) 68545888（营销中心）
经 售	北京科水图书销售有限公司 电话：(010) 68545874、63202643 全国各地新华书店和相关出版物销售网点
排 版	中国水利水电出版社微机排版中心
印 刷	清淞永业（天津）印刷有限公司
规 格	184mm×260mm　16 开本　8.25 印张　175 千字
版 次	2023 年 5 月第 1 版　2023 年 5 月第 1 次印刷
印 数	0001—8500 册
定 价	**49.00 元**

编 委 会

主　任：毛光辉

副主任：罗汉武　李彦吉　姜国义　周建功　徐国辉

委　员：孙　贺　王　宇　王　飞　赵明亮　李海明
　　　　　郝庆田　吴晓明　杨晓云　沃志民　赵占军
　　　　　赵洪春　田永刚　周文慧　洪　涛　王永亮
　　　　　金哲兴　山　雨　闫铁均

编　制　说　明

　　反违章是消除风险隐患、遏制事故发生的有效手段，对保障安全生产有着不可替代的作用！为贯彻落实反违章管理各项工作要求，提高各级管理人员、作业人员对违章行为的辨识和预防能力，提升作业现场标准化水平，国网内蒙古东部电力有限公司（以下简称蒙东公司）安监部在 2022 年度国网总部、蒙东公司和各基层单位查纠各类违章的基础上，分专业梳理并编制了《国网蒙东电力 2022 年度典型违章图册》。

　　本图册可作为公司各级单位开展反违章教育的培训教材，也可作为各级管理人员反违章纠察工作手册。公司各单位要组织各级管理人员、作业人员认真学习本图册和相关规章制度的要求，引导教育全体干部员工知敬畏、明底线、守规矩，提高安全防范意识和自我保护能力，持续保持反违章高压态势，坚决扭转违章多发频发的被动局面，为保障公司安全稳定局面作出应有的贡献！

《 目 录

第一部分
反违章工作的基础知识

违章的定义

——违章是指在生产活动过程中，违反国家和电力行业安全生产法律法规、规程标准，违反公司安全生产规章制度、反事故措施、安全管理要求等，可能对人身、电网、设备和网络安全构成危害并容易诱发事故的"管理的不安全作为、人的不安全行为、物的不安全状态和环境的不安全因素"等。

反违章工作的定义

——反违章工作是指企业在预防违章、查处违章、整治违章等过程中，在制度建设、培训教育、现场管理、监督检查、评价考核等方面开展的相关工作，要以"落实责任，健全机制，查防结合，以防为主"为基本原则，发挥安全保证体系和安全监督体系的共同作用，且持续深入地开展。

违章类型

违章按类型可分为管理违章、行为违章和装置违章三类进行管理。

——管理违章是指各级领导、管理人员违章指挥、强令冒险作业，不履行岗位安全职责，不落实安全管理要求，不健全安全规章制度，不执行安全规章制度等的不安全作为。

——行为违章是指现场作业人员在电力建设、运维检修、营销服务等生产活动过程中，违反保证安全的规程、规定、制度、反事故措施等的不安全行为。

——装置违章是指生产设备、设施、环境和作业使用的工器具及安全防护用品不满足规程、规定、标准、反事故措施等要求，导致不能可靠保证人身、电网、设备和网络安全的不安全状态和因素。

违章性质

违章按性质分为红线违章、严重违章和一般违章三级进行管控。

——红线违章是指可能直接造成人身伤害或重大责任事故的违章现象。

——严重违章是指国家电网公司严重违章清单中已明确的违章现象（按照严重程度由高至低分为Ⅰ至Ⅲ类），或性质恶劣且达不到红线违章标准的违章现象。

——一般违章是指达不到红线违章和严重违章标准的违章现象。

违章记分管理

——实施违章记分管理。违章记分按照考核记分、自查记分两类进行管理，并按照盟（市）公司、二级机构、班组、个人"四级"进行记分，记分周期为一个自然年。各盟（市）公司要分层分级建立本单位、二级机构、班组、个人安全绩效档案，如实记录违章情况。安全绩效档案作为领导干部、管理人员、一线职工安全履责评价以及评先评优等方面的重要依据。

违章记分抵减

——鼓励各盟（市）公司、二级机构、班组主动查处违章、自觉纠正违章、闭环整改违章。班组自查自纠、作业现场工作班成员间及时发现并纠正的违章按自查记分记录，不进行考核。对盟（市）公司、二级机构、班组的违章自查记分，按照一定比例抵减上级违章考核记分，年终兑现。

第二部分
反违章工作的总体要求

反违章坚持的根本遵循

——党的十八大以来，习近平总书记对于安全生产工作作出了一系列重要指示批示，鲜明地提出了发展决不能以牺牲安全为代价的重要思想，强调"人民至上、生命至上"，深刻阐述了安全发展战略、安全责任落实等重要理论和应用方略，具有十分重要的政治意义、理论意义和实践指导意义。习近平总书记关于安全生产重要指示批示，对我们充分认识安全生产工作的长期性和艰巨性，深刻理解抓好反违章工作的重要性和紧迫性提供了根本遵循。

反违章坚持的指导思想

——一级抓一级、一级对一级负责、层层抓落实；"谁主管谁负责""管业务必须管安全"。各专业部门、盟（市）公司、二级机构、一线班组要强化反违章主体责任落实，主动查现场、抓违章、保安全，推动反违章工作走深走实、落实落细。

反违章坚持的工作态度

——以"三铁"反"三违"，杜绝"三高"。"三铁"即铁的制度、铁的面孔、铁的处理；"三违"即违章指挥、违章作业、违反劳动纪律；"三高"即领导干部高高在上、基层员工高枕无忧、规章制度束之高阁。

反违章坚持的工作要求

——三个允许，三个不允许。即允许基础有差距，不允许思想有差距；允许技术有差距，不允许管理有差距；允许能力有差距，不允许努力有差距。

反违章正反向激励措施

——加大对无违章班组、无违章个人奖励力度，省市两级单位按年度、季度分别兑现奖励，表扬先进，鞭策后进，形成鲜明对比和舆论导向，推动员工从"要我安全"向"我要安全"转变，促进作业现场建立主动安全的良好氛围。

——加大对红线违章惩处力度，外来人员"闯红线即清退"，主业人员"闯红线即离岗"，同步追究有关领导干部、管理人员责任，对违章考核记分达到限值的单位、班组、个人执行相应的惩处措施，推动反违章工作实效运转。

违章是事故之源，违章不除，安全生产永无宁日！ 抓好反违章工作必须落实安全责任，端正工作态度，严肃工作要求。通过强有力、零容忍的反违章治理，不断强化全员"尊重生命、遵章守纪"的安全意识和行为自觉，形成各专业、各层级主动抓、主动管的良好局面，营造遵章守纪、共保安全的良好氛围。

第三部分
"安全红线"

⑪ 变电专业 "安全红线"

序号	分类	违 章 内 容	违章性质	违章类别	违章记分
1	变电 "红线"	无计划作业，或实际作业内容与计划不符	红线违章	管理	12
2		无票（包括抢修票、工作票及分票、操作票、动火票等）工作、无令操作	红线违章	行为	12
3		无监护情况下操作或工作负责人（专责监护人）擅自离开作业现场	红线违章	管理	12
4		未经工作票签发人审批，临时变更作业范围、增加作业内容	红线违章	行为	12
5		作业点未在接地线或接地刀闸保护范围内	红线违章	行为	12
6		使用达到报废标准的或超出检验期的安全工器具	红线违章	行为	12
7		未正确佩戴安全帽、使用安全带	红线违章	行为	12
8		未经运维单位分管生产领导批准，使用解锁钥匙	红线违章	行为	12
9		在带电设备周围使用钢卷尺、金属梯等禁止使用的工器具	红线违章	行为	12
10		倒闸操作中不按规定检查设备实际位置，不确认设备操作到位情况	红线违章	行为	12

输电专业 "安全红线"

序号	分类	违 章 内 容	违章性质	违章类别	违章记分
1		无计划作业，或实际作业内容与计划不符	红线违章	管理	12
2		无票（包括抢修票、工作票及分票、动火票等）工作、无令操作	红线违章	行为	12
3		工作负责人（作业负责人、专责监护人）不在现场，或劳务分包人员担任工作负责人（作业负责人）	红线违章	行为	12
4		未经工作票签发人审批，临时变更作业范围、增加作业内容	红线违章	管理	12
5	输电"红线"	作业点未在接地线或接地刀闸保护范围内	红线违章	管理	12
6		使用达到报废标准的或超出检验期的安全工器具	红线违章	行为	12
7		未正确佩戴安全帽、使用安全带	红线违章	行为	12
8		紧断线平移导线挂线作业未采取交替平移子导线的方式	红线违章	管理	12
9		拉线、地锚、索道投入使用前未开展验收，组塔架线前未对地脚螺栓开展验收，验收不合格投入使用	红线违章	行为	12
10		有限空间作业未执行"先通风、再检测、后作业"的要求，未正确设置监护人，未配置或不正确使用安全防护装备、应急救援装备	红线违章	行为	12

配电专业"安全红线"

序号	分类	违 章 内 容	违章性质	违章类别	违章记分
1	配电"红线"	无计划作业，或实际作业内容与计划不符	红线违章	管理	12
2		无票（包括抢修票、工作票及分票、操作票、动火票等）工作、无令操作	红线违章	行为	12
3		工作负责人（作业负责人、专责监护人）不在现场，或劳务分包人员担任工作负责人（作业负责人）	红线违章	管理	12
4		未经工作票签发人审批，临时变更作业范围、增加作业内容	红线违章	行为	12
5		作业点未在接地线或接地刀闸保护范围内	红线违章	行为	12
6		未正确佩戴安全帽、使用安全带	红线违章	行为	12
7		在杆塔根部、基础和拉线不牢固的情况下开展作业	红线违章	行为	12
8		使用达到报废标准的或超出检验期的安全工器具	红线违章	行为	12
9		在带电设备周围使用钢卷尺、金属梯等禁止使用的工器具	红线违章	行为	12
10		在 10kV 及以下电缆及电容器检修前未放电、接地，或结束后未充分放电	红线违章	行为	12

直流专业"安全红线"

序号	分类	违 章 内 容	违章性质	违章类别	违章记分
1	直流"红线"	无计划作业，或实际作业内容与计划不符	红线违章	管理	12
2		无票（包括抢修票、工作票及分票、操作票、动火票等）工作、无令操作	红线违章	行为	12
3		无监护情况下操作或工作负责人（专责监护人）擅自离开作业现场	红线违章	管理	12
4		作业点未在接地线或接地刀闸保护范围内	红线违章	行为	12
5		使用达到报废标准的或超出检验期的安全工器具	红线违章	行为	12
6		未正确佩戴安全帽、使用安全带	红线违章	行为	12
7		在带电设备周围使用钢卷尺、金属梯等禁止使用的工器具	红线违章	管理	12
8		未经运维单位分管生产领导批准，退出防误操作闭锁装置或短接操作联锁回路	红线违章	行为	12
9		未履行国网公司软件程序修改审批流程，修改软件程序或使用未经厂家验证的软件程序（包括直流控制保护系统、阀冷却系统、调相机DCS系统、油系统、水系统等）	红线违章	管理	12
10		控制保护系统带跳闸出口信号或严重及以上故障投入运行	红线违章	行为	12

建设专业"安全红线"

序号	分类	违 章 内 容	违章性质	违章类别	违章记分
1	建设"红线"	无计划作业，无施工作业票	红线违章	管理	12
2		作业层班组骨干实际到位情况不满足人员配置要求	红线违章	管理	12
3		三级及以上风险作业现场实际施工方法违背施工方案核心原则	红线违章	行为	12
4		实施隧道、桩孔等有限空间作业未执行"先通风、再检测、后作业"的要求	红线违章	行为	12
5		未正确佩戴安全帽、使用安全带	红线违章	行为	12
6		杆塔组立塔脚板就位后，未上齐匹配的垫板和螺帽，组立完成后未拧紧螺帽	红线违章	行为	12
7		抱杆超过 30m，采用多次对接组立正装方式	红线违章	行为	12
8		紧线段的一端为耐张塔，且非平衡挂线时，未在该塔紧线的反方向安装临时拉线	红线违章	行为	12
9		地处林牧区，防火期施工违规使用明火	红线违章	行为	12
10		项目存在违法转包、违规分包等问题	红线违章	管理	12

营销专业 "安全红线"

序号	分类	违 章 内 容	违章性质	违章类别	违章记分
1	营销 "红线"	无日计划（含临抢计划）作业，或实际作业内容与日计划不符	红线违章	管理	12
2		无票（包括工作票及分票、动火票、现场作业工作卡等）工作	红线违章	行为	12
3		单人无监护进行运用中的电能表、互感器等计量装置装拆作业	红线违章	行为	12
4		停电作业未按要求停电、验电、接地或未在接地保护范围内作业	红线违章	行为	12
5		冒险组织作业、违章指挥或未经工作票签发人和工作许可人审批超范围作业	红线违章	管理	12
6		未经工作许可（包括在客户侧工作时，未获客户许可），即开始工作	红线违章	行为	12
7		高压互感器现场校验工作中，变更接线或试验结束时未将升压设备的高压部分放电、短路接地；在带电的互感器二次回路上工作，未采取防止电流互感器二次回路开路（光电流互感器除外），电压互感器二次回路短路或接地的措施	红线违章	行为	12
8		使用达到报废标准的或超出检验期的安全工器具。作业时未正确佩戴或使用安全帽、安全带、低压作业防护手套	红线违章	管理	12
9		低压配电线路和设备上的停电作业，未采取防止反送电强制性技术措施	红线违章	行为	12
10		营销现场作业约时停、送电	红线违章	管理	12

网络专业 "安全红线"

序号	分类	违 章 内 容	违章性质	违章类别	违章记分
1	网络 "红线"	无计划作业（包括月检修计划、临时检修计划）、无监护作业（包括无监护人、监护不到位）、超范围作业	红线违章	管理	12
2		无票作业（包括工作票、操作票、工作任务单）	红线违章	行为	12
3		未登陆专用审计系统或设备实施信息系统运维检修作业	红线违章	行为	12
4		用未通过信息系统红线指标验证的系统对用户提供服务	红线违章	管理	12
5		将办公终端、办公设备同时连接内外网	红线违章	行为	12
6		在第三方网络或平台上部署公司系统或存储公司数据	红线违章	管理	12
7		未经许可私自关闭、重启生产控制大区安全设备	红线违章	行为	12
8		绕过边界防护设备将两侧网络直连	红线违章	行为	12
9		在生产控制大区的计算机上使用未经授权的 U 盘	红线违章	行为	12
10		生产控制大区在作业过程中使用非专用的调试终端或存储介质	红线违章	行为	12

调控专业 "安全红线"

序号	分类	违 章 内 容	违章性质	违章类别	违章记分
1	调控"红线"	调控值班人员未核实线路两侧安全措施均已设置完毕，即许可线路作业	红线违章	行为	12
2		倒闸操作过程中，未按操作票顺序执行，出现跨项操作	红线违章	行为	12
3		进行电网重大方式调整前或电网故障异常处置过程中，未开展危险点分析	红线违章	行为	12
4		无监护情况下实施线路停送电一键顺控操作	红线违章	行为	12
5		电网薄弱断面监视疏漏，造成超稳定运行	红线违章	行为	12
6		未核对检修设备所有关联的检修票均已终结，即对设备送电	红线违章	行为	12
7		交班人对系统运行方式和注意事项错交、漏交或交代不清，接班人有疑问未能核实清楚	红线违章	行为	12
8		在检修申请审批流程的最后环节调整方式安排，不重新履行审批流程	红线违章	行为	12
9		未根据电网变化校核稳定断面限额	红线违章	行为	12
10		正常运行方式及计划检修方式时电网薄弱断面辨识不到位	红线违章	行为	12

保护自动化专业 "安全红线"

序号	分类	违 章 内 容	违章性质	违章类别	违章记分
1	保护自动化 "红线"	无计划、无票或危险点控制措施未落实即开始工作	红线违章	管理	12
2		未经工作票签发人审批，临时变更作业范围、增加作业内容	红线违章	管理	12
3		工作负责人（专责监护人）擅自离开作业现场	红线违章	行为	12
4		外来人员作为工作负责人在运行继电保护装置及相关回路上工作	红线违章	管理	12
5		在保护屏和二次回路附近进行打眼等振动较大的工作时，未采取防止运行设备误动作措施	红线违章	行为	12
6		继电保护试验用电源未带有漏电保护器或熔断器，被检修设备及试验仪器直接从运行设备上取试验电源	红线违章	行为	12
7		继电保护装置定值计算、调试错误，误碰，误（漏）接线	红线违章	行为	12
8		继电保护装置进行开关传动试验或一次通电时，未通知运维人员和有关人员	红线违章	行为	12
9		未经确认，擅自修改电力监控系统遥控、遥调参数，擅自下装监控信息点表	红线违章	行为	12
10		擅自更改调度自动化系统控制类功能控制参数	红线违章	行为	12

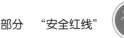

通信专业 "安全红线"

序号	分类	违 章 内 容	违章性质	违章类别	违章记分
1	通信 "红线"	无票作业	红线违章	行为	12
2		超出作业范围未经审批	红线违章	行为	12
3		在有限空间内作业，作业前未进行气体含量检测或检测不合格	红线违章	行为	12
4		导引光缆进水检测时使用金属线	红线违章	行为	12
5		对使用光放大器的光传送段进行检修前未关闭放大器发光	红线违章	行为	12
6		使用光时域反射仪（OTDR）进行光缆纤芯测试时，未断开被测纤芯对端的电力通信设备和仪表	红线违章	行为	12
7		电力通信网管作业过程中，未经授权，接入非专用外接存储设备或直接接入公共网络	红线违章	行为	12
8		未按照通信业务方式单或通信调度指令内容进行设备配置和接线	红线违章	行为	12
9		未得到影响业务相关的上级通信调度和电力调度批准，即许可通信检修开工	红线违章	管理	12
10		直流开关或熔断器未断开前，断开蓄电池之间的连接	红线违章	行为	12

后勤专业"安全红线"

序号	分类	违 章 内 容	违章性质	违章类别	违章记分
1	后勤"红线"	无证驾驶、酒驾、驾驶车辆与驾驶证核定准驾车型不符	红线违章	行为	12
2		长时间(连续2分钟以上)超速驾驶,超载、超员、客货混装	红线违章	行为	12
3		未按规定定期开展消防设备设施检测,消防设备存在隐患未及时处理	红线违章	管理	12
4		使用燃气,未安装可燃气体报警和燃气切断阀装置,装置失效未及时处置	红线违章	管理	12
5		建筑物内电缆井、管道井等未采取防火封堵措施,违规为电动车充电,电动设备充电设施不具备充满自动断电功能,无票动火作业	红线违章	管理	12
6		电梯等特种设备未按要求定期检验,检验不合格仍继续使用;运维单位无相应资质,未按规定检修周期和内容完成相关运维工作	红线违章	管理	12
7		未执行成品食物留样检测制度,选用来路不明、未经检验或检验不合格、无"生产日期、质量合格证、生产厂家"的食材	红线违章	管理	12
8		擅自变动建筑主体结构和承重结构,改变房产使用性质,超过承重等设计标准使用,已经鉴定为危房仍继续使用	红线违章	管理	12
9		安装有配电装置的地下空间未采取有效防汛、防涝措施	红线违章	管理	12
10		小型基建、生产辅助技改大修项目安全文明措施费未按规定专项足额使用,现场安全措施不满足安全施工要求	红线违章	管理	12

第四部分
严重违章清单及释义

编号	违章种类	严重违章内容	释　义
		Ⅰ类严重违章（15 条）		
1	管理违章	无日计划作业，或实际作业内容与日计划不符。	1. 日作业计划（含临时计划、抢修计划）未录入安全生产风险管控平台。 2. 安全生产风险管控平台中日计划取消后，实际作业未取消。 3. 现场作业超出安全生产风险管控平台中作业计划范围。
2	管理违章	存在重大事故隐患而不排除，冒险组织作业；存在重大事故隐患被要求停止施工，停止使用有关设备、设施、场所或者立即采取排除危险的整改措施，而未执行的。	1. 作业现场存在《国家电网有限公司重大、较大安全隐患排查清单》所列重大安全隐患而不排除，冒险组织作业。 2. 作业现场存在重大事故隐患被政府安全监管部门要求停止施工，停止使用有关设备、设施、场所或者立即采取排除危险的整改措施，而未执行的。
3	管理违章	建设单位将工程发包给个人或不具有相应资质的单位。	1. 建设单位将工程发包给自然人。 2. 承包单位不具备有效的（虚假、收缴或吊销）营业执照和法人代表资格证书，不具备建设主管部门和电力监管部门颁发的有效的（超资质许可范围，业务资质虚假、注销或撤销）业务资质证书，不具备有效的（冒用或者伪造、超许可范围、超有效期）安全资质证书（安全生产许可证）。 3. 建设单位将工程发包给列入负面清单、黑名单或限制参与投标的单位。

续表

编号	违章种类	严重违章内容	释 义
4	管理违章	使用达到报废标准的或超出检验期的安全工器具。	使用的个体防护装备、绝缘安全工器具、登高工器具等专用工具和器具存在以下问题： 1. 外观检查明显损坏或零部件缺失影响工器具防护功能。 2. 超过有效使用期限。 3. 试验或检验结果不符合国家或行业标准。 4. 超出检验周期或检验时间涂改、无法辨认。 5. 无有效检验合格证或检验报告。
5	管理违章	工作负责人（作业负责人、专责监护人）不在现场，或劳务分包人员担任工作负责人（作业负责人）。	1. 工作负责人（作业负责人、专责监护人）未到现场。 2. 工作负责人（作业负责人）暂时离开作业现场时，未指定能胜任的人员临时代替。 3. 工作负责人（作业负责人）长时间离开作业现场时，未由原工作票签发人变更工作负责人。 4. 专责监护人临时离开作业现场时，未通知被监护人员停止作业或离开作业现场。 5. 专责监护人长时间离开作业现场时，未由工作负责人变更专责监护人。 6. 劳务分包人员担任工作负责人（作业负责人）。
6	行为违章	未经工作许可（包括在客户侧工作时，未获客户许可），即开始工作。	1. 公司系统电网生产作业未经调度管理部门或设备运维管理单位许可，擅自开始工作。 2. 在用户管理的变电站或其他设备上工作时未经用户许可，擅自开始工作。 3. 在客户侧营销现场作业，未经供电方许可人和客户方许可人共同对工作票或现场作业工作卡进行许可。

续表

编号	违章种类	严重违章内容	释　义
7	行为违章	无票（包括作业票、工作票及分票、操作票、动火票等）工作、无令操作。	1. 在运用中电气设备上及相关场所的工作，未按照《电力安全工作规程》的规定使用工作票、事故紧急抢修单。 2. 未按照《电力安全工作规程》的规定使用施工作业票。 3. 未使用审核合格的操作票进行倒闸操作。 4. 未根据值班调控人员、运维负责人正式发布的指令进行倒闸操作。 5. 在油罐区、注油设备、电缆间、计算机房、换流站阀厅等防火重点部位（场所）以及政府部门、本单位划定的禁止明火区动火作业时，未使用动火票。
8	行为违章	作业人员不清楚工作任务、危险点。	1. 工作负责人（作业负责人）不了解现场所有的工作内容，不掌握危险点及安全防控措施。 2. 专责监护人不掌握监护范围内的工作内容、危险点及安全防控措施。 3. 作业人员不熟悉本人参与的工作内容，不掌握危险点及安全防控措施。 4. 工作前未组织安全交底、未召开班前会（站班会）。
9	行为违章	超出作业范围未经审批。	1. 在原工作票的停电及安全措施范围内增加工作任务时，未征得工作票签发人和工作许可人同意，未在工作票上增填工作项目。 2. 原工作票增加工作任务需变更或增设安全措施时，未重新办理新的工作票，并履行签发、许可手续。

编号	违章种类	严重违章内容	释　义
10	行为违章	作业点未在接地保护范围。	1. 停电工作的设备，可能来电的各方未在正确位置装设接地线（接地刀闸）。 2. 工作地段各端和工作地段内有可能反送电的各分支线（包括用户）未在正确位置装设接地线（接地刀闸）。 3. 作业人员擅自移动或拆除接地线（接地刀闸）。
11	行为违章	漏挂接地线或漏合接地刀闸。	1. 工作票所列的接地安全措施未全部完成即开始工作（同一张工作票多个作业点依次工作时，工作地段的接地安全措施未全部完成即开始工作）。 2. 配合停电的线路未按以下要求装设接地线： (1) 交叉跨越、邻近线路在交叉跨越或邻近线路处附近装设接地线； (2) 配合停电的同杆（塔）架设配电线路装设接地线与检修线路相同。
12	行为违章	组立杆塔、撤杆、撤线或紧线前未按规定采取防倒杆塔措施；架线施工前，未紧固地脚螺栓。	1. 拉线塔分解拆除时未先将原永久拉线更换为临时拉线再进行拆除作业。 2. 带张力断线或采用突然剪断导地线的做法松线。 3. 耐张塔采取非平衡紧挂线前，未设置杆塔临时拉线和补强措施。 4. 杆塔整体拆除时，未增设拉线控制倒塔方向。 5. 杆塔组立前，未核对地脚螺栓与螺母型号是否匹配。 6. 架线施工前，未对地脚螺栓采取加垫板并拧紧螺帽及打毛丝扣的防卸措施。

编号	违章种类	严重违章内容	释　义
13	行为违章	高处作业、攀登或转移作业位置时失去保护。	1.高处作业未搭设脚手架、使用高空作业车、升降平台或采取其他防止坠落措施。 2.在没有脚手架或者在没有栏杆的脚手架上工作，高度超过 1.5m 时，未用安全带或采取其他可靠的安全措施。 3.在屋顶及其他危险的边沿工作，临空一面未装设安全网或防护栏杆或作业人员未使用安全带。 4.杆塔上水平转移时未使用水平绳或设置临时扶手，垂直转移时未使用速差自控器或安全自锁器等装置。
14	行为违章	有限空间作业未执行"先通风、再检测、后作业"要求；未正确设置监护人；未配置或不正确使用安全防护装备、应急救援装备。	1.有限空间作业前未通风或气体检测浓度高于《国家电网有限公司有限空间作业安全工作规定》附录 7 规定要求。 2.有限空间作业未在入口设置监护人或监护人擅离职守。 3.未根据有限空间作业的特点和应急预案、现场处置方案，配备使用气体检测仪、呼吸器、通风机等安全防护装备和应急救援装备；当作业现场无法通过目视、喊话等方式进行沟通时，未配备对讲机；在可能进入有害环境时，未配备满足作业安全要求的隔绝式或过滤式呼吸防护用品。
100	行为违章（追加）	牵引过程中，牵引机、张力机进出口前方有人通过。	1.牵引过程中，人员站在或跨过以下位置： (1) 受力的牵引绳或导（地）线； (2) 牵引绳或导（地）线内角侧； (3) 展放的牵引绳或导（地）线圈内； (4) 牵引绳或架空线正下方。 2.牵引过程中，牵引机、张力机进出口前方有人通过。

编号	违章种类	严重违章内容	释　义
Ⅱ类严重违章（30条）			
15	管理违章	未及时传达学习国家、公司安全工作部署，未及时开展公司系统安全事故（事件）通报学习、安全日活动等。	1. 未通过理论中心组、党组（委）会、安委会或工作例会等形式按要求时限传达学习国家、公司安全生产重要会议、安全专项行动等工作部署。 2. 未按要求时限开展公司系统安全事故（事件）通报学习、专题安全日活动等。
16	管理违章	安全生产巡查通报的问题未组织整改或整改不到位的。	1. 被巡查单位收到巡查报告后，未制定整改措施，明确工作责任、任务分工、完成时限。 2. 巡查通报的问题未按要求整改到位。
17	管理违章	针对公司通报的安全事故事件、要求开展的隐患排查，未举一反三组织排查；未建立隐患排查标准，分层分级组织排查的。	1. 针对公司通报的安全事故、事件暴露的典型问题和家族性隐患未举一反三组织排查。 2. 省公司级单位未分级分类建立隐患排查标准，未明确隐患排查内容、排查方法和判定依据。 3. 未在每年6月底前组织开展一次涵盖安全生产各领域、各专业、各环节的安全隐患全面排查。
18	管理违章	承包单位将其承包的全部工程转给其他单位或个人施工；承包单位将其承包的全部工程肢解以后，以分包的名义分别转给其他单位或个人施工。	1. 承包单位将其承包的全部工程转给其他单位（包括母公司承接建筑工程后将所承接工程交由具有独立法人资格的子公司施工）或个人施工。 2. 承包单位将其承包的全部工程肢解以后，以分包的名义分别转给其他单位或个人施工。

续表

编号	违章种类	严重违章内容	释　义
19	管理违章	施工总承包单位或专业承包单位未派驻项目负责人、技术负责人、质量管理负责人、安全管理负责人等主要管理人员；合同约定由承包单位负责采购的主要建筑材料、构配件及工程设备或租赁的施工机械设备，由其他单位或个人采购、租赁。	1. 施工总承包单位或专业承包单位未派驻项目负责人、技术负责人、质量管理负责人、安全管理负责人等主要管理人员。 2. 施工总承包单位或专业承包单位派驻的上述主要管理人员未与施工单位订立劳动合同，且没有建立劳动工资和社会养老保险关系。 3. 施工总承包单位或专业承包单位派驻的项目负责人未按照《施工项目部标准化管理手册》要求对工程的施工活动进行组织管理，又不能进行合理解释并提供相应证明。 4. 合同约定由承包单位负责采购的主要建筑材料、构配件及工程设备或租赁的施工机械设备，由其他单位或个人采购、租赁。
20	管理违章	没有资质的单位或个人借用其他施工单位的资质承揽工程；有资质的施工单位相互借用资质承揽工程。	1. 没有资质的单位或个人借用其他施工单位的资质承揽工程。 2. 有资质的施工单位相互借用资质承揽工程的，包括资质等级低的借用资质等级高的、资质等级高的借用资质等级低的、相同资质等级相互借用等。
21	管理违章	拉线、地锚、索道投入使用前未计算校核受力情况。	1. 未根据拉线受力、环境条件等情况，选择必要安全系数并在留有足够裕度后计算拉线规格。 2. 未根据实际情况及规程规范计算确定地锚的布设数量及方式，未按照受力、地锚形式、土质等情况确定地锚承载力和具体埋设要求。 3. 未按索道设计运输能力、承力索规格、支撑点高度和高差、跨越物高度、索道档距精确计算索道架设弛度。

编号	违章种类	严重违章内容	释义
22	管理违章	拉线、地锚、索道投入使用前未开展验收；组塔架线前未对地脚螺栓开展验收；验收不合格，未整改并重新验收合格即投入使用。	1. 拉线投入使用前未按照施工方案要求进行核查、验收，安全监理工程师或监理员未进行复验；现场未设置验收合格牌。 2. 地锚投入使用前未按施工方案及规程规范要求进行验收，安全监理工程师或监理员未进行复验；现场未设置验收合格牌。 3. 索道投入使用前未按施工方案及规程规范要求进行验收，安全监理工程师未复验，业主项目部安全专责未核验；现场未设置验收合格牌及索道参数牌。 4. 架线作业前未检查地脚螺栓垫板与塔脚板是否靠紧、两螺母是否紧固到位及防卸措施是否到位，安全监理工程师或监理员未进行复核；无基础及保护帽浇筑过程中的监理旁站记录。 5. 上述环节验收未合格即投入使用。
23	管理违章	未按照要求开展电网风险评估，及时发布电网风险预警、落实有效的风险管控措施。	1. 电网风险预警"应发未发"。 2. 电网风险定级不准确，将高风险定级为低风险；低风险定级为高风险，随意扩大停电范围。 3. 六级及以上电网运行评估不全面，未准确辨识负荷减供（40MW以上）、电厂送出停电及重要用户供电中断等关键风险因素，未制定相应风险管控措施。 4. 上下级停电计划安排不合理，造成网架结构削弱、运行可靠性降低，且未制定相应管控措施。

编号	违章种类	严重违章内容	释 义
24	管理违章	特高压换流站工程启动调试阶段，建设、施工、运维等单位责任界面不清晰，设备主人不明确，预试、交接、验收等环节工作未履行。	1. 特高压换流站工程启动调试阶段，建设、施工、运维等单位未按照《特高压换流站工程现场安全管理职责分工》要求明确责任界面。 2. 设备主人未按照工程移交流程进行明确。 3. 建设、施工、运维等单位未履行预试、交接、验收等环节工作责任。
25	管理违章	约时停、送电；带电作业约时停用或恢复重合闸。	1. 电力线路或电气设备的停、送电未按照值班调控人员或工作许可人的指令执行，采取约时停、送电的方式进行倒闸操作。 2. 需要停用重合闸或直流线路再启动功能的带电作业未由值班调控人员履行许可手续，采取约时方式停用或恢复重合闸或直流线路再启动功能。
26	管理违章	未按要求开展网络安全等级保护定级、备案和测评工作。	1. 未按照《信息安全技术网络安全等级保护定级指南》（GB/T 22240—2020）要求，对信息系统进行定级，或信息系统定级与实际情况不相符。 2. 未按照《国家电网有限公司网络安全等级保护建设实施细则》要求，第三级及以上系统每年开展一次网络安全等级测评，第二级信息系统上线后开展网络安全等级测评，在后续运行中按需开展测评。 3. 新建系统在正式投运 30 日内，已投运系统在等级确定后 30 日内，未向所在地公安机关和所在地电力行业主管部门进行备案。 4. 开展等级保护测评的机构不符合国家有关规定，未在公安部门、国家能源局备案，或未通过电力测评机构技术能力评估。

编号	违章种类	严重违章内容	释　　义
27	管理违章	电力监控系统中横、纵向网络边界防护设备缺失。	1. 生产管理大区与管理信息大区之间未部署电力专用横向隔离装置。 2. 生产控制大区内部的安全区之间未采用具有访问控制功能的网络设备、防火墙或者相当功能的设施，实现逻辑隔离。 3. 安全接入区与生产控制大区相连时，未采用电力专用横向隔离装置进行集中互联。 4. 调度中心、发电厂、变电站在生产控制大区与广域网的纵向连接处，未设置国家指定部门检测认证的电力专用纵向加密认证装置或者加密认证网关及相应设施，未实现双向身份认证、数据加密和访问控制。
28	行为违章	货运索道载人。	略。
29	行为违章	超允许起重量起吊。	1. 起重设备、吊索具和其他起重工具的工作负荷，超过铭牌规定。 2. 没有制造厂铭牌的各种起重机具，未经查算及荷重试验使用。 3. 特殊情况下需超铭牌使用时，未经过计算和试验，未经本单位分管生产的领导或总工程师批准。
30	行为违章	采用正装法组立超过30m的悬浮抱杆。	抱杆长度超过30m以上一次无法整体起立时，多次对接组立未采取倒装方式，采用正装方式对接组立悬浮抱杆。
31	行为违章	紧断线平移导线挂线作业未采取交替平移子导线的方式。	略。

续表

编号	违章种类	严重违章内容	释　义
32	管理违章、行为违章	在带电设备附近作业前未计算校核安全距离；作业安全距离不够且未采取有效措施。	1. 在带电设备附近作业前，未根据带电体安全距离要求，对施工作业中可能进入安全距离内的人员、机具、构件等进行计算校核。 2. 在带电设备附近作业，计算校核的安全距离与现场实际不符，不满足安全要求。 3. 在带电设备附近作业，安全距离不够时，未采取绝缘遮蔽或停电作业等有效措施。
33	行为违章	乘坐船舶或水上作业超载，或不使用救生装备。	1. 船舶未根据船只载重量及平衡程度装载，超载、超员。 2. 水上作业或乘坐船舶时，未全员配备、使用救生装备。
34	行为违章	在电容性设备检修前未放电并接地，或结束后未充分放电；高压试验变更接线或试验结束时未将升压设备的高压部分放电、短路接地。	1. 电容性设备检修前、试验结束后未逐相放电并接地；星形接线电容器的中性点未接地。串联电容器或与整组电容器脱离的电容器未逐个多次放电；装在绝缘支架上的电容器外壳未放电；未装接地线的大电容被试设备未先行放电再做试验。 2. 高压试验变更接线或试验结束时，未将升压设备的高压部分放电、短路接地。
35	行为违章	擅自开启高压开关柜门、检修小窗，擅自移动绝缘挡板。	1. 擅自开启高压开关柜门、检修小窗。 2. 高压开关柜内手车开关拉出后，隔离带电部位的挡板未可靠封闭或擅自开启隔离带电部位的挡板。 3. 擅自移动绝缘挡板（隔板）。

编号	违章种类	严重违章内容	释　义
36	行为违章	在带电设备周围使用钢卷尺、金属梯等禁止使用的工器具。	1. 在带电设备周围使用钢卷尺、皮卷尺和线尺（夹有金属丝者）进行测量工作。 2. 在变、配电站（开关站）的带电区域内或临近带电设备处，使用金属梯、金属脚手架等。
37	行为违章	倒闸操作前不核对设备名称、编号、位置，不执行监护复诵制度或操作时漏项、跳项。	略。
38	行为违章	倒闸操作中不按规定检查设备实际位置，不确认设备操作到位情况。	1. 倒闸操作后未到现场检查断路器、隔离开关、接地刀闸等设备实际位置并确认操作到位。 2. 无法看到实际位置时，未通过至少2个非同样原理或非同源指示（设备机械位置指示、电气指示、带电显示装置、仪表及各种遥测、遥信信号等）的变化进行判断确认。
39	行为违章	在继保屏上作业时，运行设备与检修设备无明显标志隔开，或在保护盘上或附近进行振动较大的工作时，未采取防掉闸的安全措施。	1. 在继保屏上作业时，未将检修设备与运行设备以明显的标志隔开。 2. 检修设备所在屏柜上还有其他运行设备，屏柜内的运行设备未和检修设备有明显标志隔离，与运行设备有关的压板、切换开关、空气开关等附件未做禁止操作标志。 3. 在运行的继电保护、安全自动装置屏附近开展振动较大的工作，有可能影响运行设备安全时，未采取防止运行设备误动作的措施。

续表

编号	违章种类	严重违章内容	释　义
40	行为违章	防误闭锁装置功能不完善，未按要求投入运行。	1. 断路器、隔离开关和接地刀闸电气闭锁回路使用重动继电器。 2. 机械闭锁装置未可靠锁死电气设备的传动机构。 3. 微机防误装置（系统）主站远方遥控操作、就地操作未实现强制闭锁功能。 4. 就地防误装置不具备高压电气设备及其附属装置就地操作机构的强制闭锁功能。 5. 高压开关柜带电显示装置未接入"五防"闭锁回路，未实现与接地刀闸或柜门（网门）的联锁。 6. 防误闭锁装置未与主设备同时设计、同时安装、同时验收投运；新建、改（扩）建变电工程或主设备经技术改造后，防误闭锁装置未与主设备同时投运。
41	行为违章	随意解除闭锁装置，或擅自使用解锁工具（钥匙）。	1. 正常情况下，防误装置解锁或退出运行。 2. 特殊情况下，防误装置解锁未执行下列规定： (1) 若遇危及人身、电网和设备安全等紧急情况需要解锁操作，可由变电运维班当值负责人或发电厂当值值长下令紧急使用解锁工具（钥匙）； (2) 防误装置及电气设备出现异常要求解锁操作，应经运维管理部门防误操作装置专责人或运维管理部门指定并经书面公布的人员到现场核实无误并签字后，由变电站运维人员告知当值调控人员，方可使用解锁工具（钥匙），并在运维人员监护下操作。不得使用万能钥匙或一组密码全部解锁等解锁工具（钥匙）。

编号	违章种类	严重违章内容	释义
42	行为违章	继电保护、直流控保、稳控装置等定值计算、调试错误，误动、误碰、误（漏）接线。	1.继电保护、直流控保、稳控装置等定值计算、调试错误或版本使用错误。 2.智能变电站继电保护、合并单元、智能终端等配置文件设置错误。 3.误动、误碰运行二次回路或误（漏）接线。 4.在一次设备送电前，未组织检查保护装置（含稳控装置）运行状态,保护装置（含稳控装置）异常告警。 5.系统一次运行方式变更或在保护装置（含稳控装置）上进行工作时，未按规定变更硬（软）压板、空开、操作把手等运行状态。
43	行为违章	在运行站内使用吊车、高空作业车、挖掘机等大型机械开展作业，未经设备运维单位批准即改变施工方案规定的工作内容、工作方式等。	1.在运行站内使用吊车、高空作业车、挖掘机等大型机械开展作业前，施工方案未经设备运维单位批准。 2.未经设备运维单位批准，擅自改变运行站内吊车、高空作业车、挖掘机等大型机械的工作内容、工作方式等。
88	管理违章（追加）	两个及以上专业、单位参与的改造、扩建、检修等综合性作业，未成立由上级单位领导任组长，相关部门、单位参加的现场作业风险管控协调组；现场作业风险管控协调组未常驻现场督导和协调风险管控工作。	1.涉及多专业、多单位或多专业综合性的二级及以上风险作业，上级单位未成立由副总工程师以上领导担任负责人、相关单位或专业部门负责人参加的现场作业风险管控协调组。 2.作业实施期间，现场作业风险管控协调组未常驻作业现场督导协调；未每日召开例会分析部署风险管控工作；未组织检查施工方案及现场风险管控措施落实情况。

续表

编号	违章种类	严重违章内容	释 义
		Ⅲ类严重违章（59条）	
44	管理违章	承包单位将其承包的工程分包给个人；施工总承包单位或专业承包单位将工程分包给不具备相应资质的单位。	1. 承包单位与不具备法人代表或授权委托人资质的自然人签订分包合同。 2. 与承包单位签订分包合同的授权委托人无法提供与分包单位签订的劳动合同、未建立劳动工资和社会养老保险关系。 3. 施工总承包单位或专业承包单位将工程分包给不具备相应资质的单位（含超资质许可范围）。
45	管理违章	施工总承包单位将施工总承包合同范围内工程主体结构的施工分包给其他单位；专业分包单位将其承包的专业工程中非劳务作业部分再分包；劳务分包单位将其承包的劳务再分包。	1. 施工总承包单位将施工总承包合同范围内的工程主体结构（钢结构工程除外）的施工分包给其他单位。 2. 施工总承包单位将组塔架线、电气安装等主体工程和关键性工作分包给其他单位。 3. 专业分包单位将其承包的专业工程中非劳务作业部分再分包。 4. 劳务分包单位将其承包的劳务再分包。
46	管理违章	承发包双方未依法签订安全协议，未明确双方应承担的安全责任。	略。
47	管理违章	将高风险作业定级为低风险。	三级及以上作业风险定级低于实际风险等级。
48	管理违章	跨越带电线路展放导（地）线作业，跨越架、封网等安全措施均未采取。	1. 跨越带电线路展放导（地）线作业，未采取搭设跨越架及封网等措施。 2. 跨越电气化铁路展放导（地）线作业，未采取搭设跨越架及封网等措施。

编号	违章种类	严重违章内容	释　　义
49	管理违章	违规使用没有"一书一签"（化学品安全技术说明书、化学品安全标签）的危险化学品。	1. 使用或分装的危险化学品无安全技术说明书及安全标签。 2. 盛装危险化学品的容器在净化处理前，更换原安全标签。
50	管理违章	现场规程没有每年进行一次复查、修订并书面通知有关人员；不需修订的情况下，未由复查人、审核人、批准人签署"可以继续执行"的书面文件并通知有关人员。	1. 现场规程没有每年进行一次复查、修订并书面通知设备运维人员。 2. 现场规程不需修订的情况下，未由复查人、审核人、批准人签署"可以继续执行"的书面文件并通知设备运维人员。 3. 设备系统变动时，未在投运前对现场规程进行补充或对有关条文进行修订并通知设备运维人员。
51	管理违章	现场作业人员未经安全准入考试并合格；新进、转岗和离岗3个月以上电气作业人员，未经专门安全教育培训，并经考试合格上岗。	1. 现场作业人员在安全生产风险管控平台中，无有效期内的准入合格记录。 2. 新进、转岗和离岗3个月以上电气作业人员，未经安全教育培训，并经考试合格上岗。
52	管理违章	不具备"三种人"资格的人员担任工作票签发人、工作负责人或许可人。	地市级或县级单位未每年对工作票签发人、工作负责人、工作许可人进行培训考试，考试合格后书面公布"三种人"名单。

续表

编号	违章种类	严重违章内容	释　义
53	管理违章	特种设备作业人员、特种作业人员、危险化学品从业人员未依法取得资格证书。	1. 涉及生命安全、危险性较大的锅炉、压力容器（含气瓶）、压力管道、电梯、起重机械、客运索道和场（厂）内专用机动车辆等特种设备作业人员，未依据《特种设备作业人员监督管理办法》（国家质量监督检验检疫总局令第140 号）从特种设备安全监督管理部门取得特种作业人员证书。 2. 高（低）压电工、焊接与热切割作业、高处作业、危险化学品安全作业等特种作业人员，未依据《特种作业人员安全技术培训考核管理规定》（国家安全生产监督管理总局令第 30 号）从应急、住建等部门取得特种作业操作资格证书。 3. 特种设备作业人员、特种作业人员、危险化学品从业人员资格证书未按期复审。
54	管理违章	特种设备未依法取得使用登记证书、未经定期检验或检验不合格。	1. 特种设备使用单位未向特种设备安全监督管理部门办理使用登记，未取得使用登记证书。 2. 特种设备超期未检验或检验不合格。
55	管理违章	自制施工工器具未经检测试验合格。	自制或改造起重滑车、卸扣、切割机、液压工器具、手扳（链条）葫芦、卡线器、吊篮等工器具，未经有资质的第三方检验机构检测试验，无试验合格证或试验合格报告。
56	管理违章	金属封闭式开关设备未按照国家、行业标准设计制造压力释放通道。	1. 开关柜各高压隔室未安装泄压通道或压力释放装置。 2. 开关柜泄压通道或压力释放装置不符合国家、行业标准要求。

续表

编号	违章种类	严重违章内容	释　义
57	管理违章	设备无双重名称，或名称及编号不唯一、不正确、不清晰。	1. 设备无双重名称。 2. 线路无名称及杆号，同塔多回线路无双重称号。 3. 设备名称及编号、线路名称或双重称号不唯一、不正确、无法辨认。
58	管理违章	高压配电装置带电部分对地距离不满足要求且未采取措施。	1. 配电站、开闭所户外高压配电装置的裸露（含绝缘包裹）导电部分跨越人行过道或作业区时，对地高度不满足安全距离要求且底部和两侧未装设护网。 2. 户内高压配电装置的裸露（含绝缘包裹）导电部分对地高度不满足安全距离要求且底部和两侧未装设护网。
59	管理违章	电化学储能电站电池管理系统、消防灭火系统、可燃气体报警装置、通风装置未达到设计要求或故障失效。	1. 电化学储能电站电池管理系统选型与储能电池性能不匹配或故障失效，不能检测电池的运行状态。 2. 电化学储能电站消防给水系统的设计不符合《电化学储能电站设计规范》（GB 51048—2014）有关规定，或故障失效。 3. 电化学储能电站灭火器配置不符合《建筑灭火器配置设计规范》（GB 50140—2005）有关规定，或故障失效。 4. 电化学储能电站建筑防火设计不符合《电化学储能电站设计规范》（GB 51048—2014）有关规定，或故障失效。 5. 电化学储能电站内火灾探测及消防报警的设计不符合《火灾自动报警系统设计规范》（GB 50116—2013）有关规定，或故障失效。 6. 电化学储能电站的通风与空气调节设计不符合《工业建筑供暖通风与空气调节设计规范》（GB 50019—2015）及《建筑设计防火规范》（GB 50016—2014）规定，或故障失效。

编号	违章种类	严重违章内容	释　义
60	管理违章	网络边界未按要求部署安全防护设备并定期进行特征库升级。	1. 管理信息内网与外网之间、管理信息大区与生产控制大区之间的边界未采用国家电网公司认可的隔离装置进行安全隔离。 2. 安全防护设备未定期进行特征库升级，未及时调整安全防护策略。`
61	管理违章、行为违章	高边坡施工未按要求设置安全防护设施；对不良地质构造的高边坡，未按设计要求采取锚喷或加固等支护措施。	1. 高边坡上下层垂直交叉作业面中间未设置隔离防护棚或安全防护拦截网，并明确专人监护。 2. 高边坡作业时未设置防护栏杆并系安全带。 3. 开挖深度较大的坡（壁）面，每下降 5m 未进行一次清坡、测量、检查；对断层、裂隙、破碎带等不良地质构造的高边坡，未按设计要求采取锚喷或加固等支护措施。
62	管理违章、行为违章	平衡挂线时，在同一相邻耐张段的同相（极）导线上进行其他作业。	平衡挂线时，在同一相邻耐张段的同相（极）导线上进行其他作业。
63	管理违章、行为违章	未经批准，擅自将自动灭火装置、火灾自动报警装置退出运行。	未经本单位消防安全责任人（法人单位的法定代表人或者非法人单位的主要负责人）批准，擅自将自动灭火装置、火灾自动报警装置退出运行。

编号	违章种类	严重违章内容	释　义
64	行为违章	票面（包括作业票、工作票及分票、动火票等）缺少工作负责人、工作班成员签字等关键内容。	1. 工作票（包括作业票、动火票等）票种使用错误。 2. 工作票（含分票、工作任务单、动火票等）票面缺少工作许可人、工作负责人、工作票签发人、工作班成员（含新增人员）等签字信息；作业票缺少审核人、签发人、作业人员（含新增人员）等签字信息。 3. 工作票（含分票、工作任务单、动火票等）票面线路名称（含同杆多回线路双重称号）、设备双重名称填写错误；作业中工作票延期、工作负责人变更、作业人员变动等未在票面上准确记录。 4. 工作票（含分票、工作任务单、动火票、作业票等）票面防触电、防高坠、防倒（断）杆、防窒息等重要安全技术措施遗漏或错误。 5. 操作票票面发令人、受令人、操作人员、监护人员等漏填或漏签。操作设备双重名称，拉合开关、刀闸的顺序以及位置检查、验电、装拆接地线（拉合接地刀闸）、投退保护压板（软压板）等关键内容遗漏或错误；操作确认记录漏项、跳项。 6. 操作票发令、操作开始时间、操作结束时间以及工作票（含分票、工作任务单、动火票、作业票等）签发、许可、计划开工、结束时间存在逻辑错误或与实际不符。 7. 票面（包括作业票、工作票及分票、动火票、操作票等）双重名称、编号或时间涂改。

编号	违章种类	严重违章内容	释　义
65	行为违章	重要工序、关键环节作业未按施工方案或规定程序开展作业；作业人员未经批准擅自改变已设置的安全措施。	1. 电网建设工程施工重要工序（《国家电网有限公司输变电工程建设安全管理规定》附件4重要临时设施、重要施工工序、特殊作业、危险作业）及关键环节未按施工方案中作业方法、标准或规定程序开展作业。 2. 电网生产高风险作业工序〔《国家电网有限公司关于进一步加强生产现场作业风险管控工作的通知》（国家电网设备〔2022〕89号）各专业"检修工序风险库"〕及关键环节未按方案中作业方法、标准或规定程序开展作业。 3. 二级及以上水电作业风险工序未按方案落实预控措施。 4. 未经工作负责人和工作许可人双方批准，擅自变更安全措施。
66	行为违章	货运索道超载使用。	略。
67	行为违章	作业人员擅自穿、跨越安全围栏、安全警戒线。	作业人员擅自穿、跨越隔离检修设备与运行设备的遮栏（围栏）、高压试验现场围栏（安全警戒线）、人工挖孔基础作业孔口围栏等。
68	行为违章	起吊或牵引过程中，受力钢丝绳周围、上下方、内角侧和起吊物下面，有人逗留或通过。	1. 起重机在吊装过程中，受力钢丝绳周围或起吊物下方有人逗留或通过。 2. 绞磨机、牵引机、张力机等受力钢丝绳周围、上下方、内角侧等受力侧有人逗留或通过。
69	行为违章	使用金具U形环代替卸扣；使用普通材料的螺栓取代卸扣销轴。	1. 起吊作业使用金具U形环代替卸扣。 2. 使用普通材料的螺栓取代卸扣销轴。

续表

编号	违章种类	严重违章内容	释　义
70	行为违章	放线区段有跨越、平行输电线路时，导（地）线或牵引绳未采取接地措施。	1. 放线区段有跨越、平行带电线路时，牵引机及张力机出线端的导（地）线及牵引绳上未安装接地滑车。 2. 跨越不停电线路时，跨越档两端的导线未接地。 3. 紧线作业区段内有跨越、平行带电线路时，作业点两侧未可靠接地。
71	行为违章	耐张塔挂线前，未使用导体将耐张绝缘子串短接。	略。
72	行为违章	在易燃易爆或禁火区域携带火种、使用明火、吸烟；未采取防火等安全措施在易燃物品上方进行焊接，下方无监护人。	1. 在存有易燃易爆危险化学品 [汽油、乙醇、乙炔、液化气体、爆破用雷管等《危险货物品名表》（ GB 12268—2005 ）、《危险化学品名录》所列易燃易爆品] 的区域和地方政府划定的森林草原防火区及森林草原防火期、地方政府划定的禁火区及禁火期、含油设备周边等禁火区域携带火种、使用明火、吸烟或动火作业。 2. 在易燃物品上方进行焊接，未采取防火隔离、防护等安全措施，下方无监护人。
73	行为违章	动火作业前，未将盛有或盛过易燃易爆等化学危险物品的容器、设备、管道等生产、储存装置与生产系统隔离，未清洗置换，未检测可燃气体（蒸气）含量，或可燃气体（蒸气）含量不合格即动火作业。	1. 动火作业前，未将盛有或盛过易燃易爆等化学危险物品 [汽油、乙醇、乙炔、液化气体等《危险货物品名表》（ GB 12268—2005 ）、《危险化学品名录》所列化学危险物品] 的容器、设备、管道等生产、储存装置与生产系统隔离，未清洗置换。 2. 动火作业前，未检测盛有或盛过易燃易爆等化学危险物品的容器、设备、管道等生产、储存装置的可燃气体（蒸气）含量。 3. 可燃气体（蒸气）含量高于《国家电网有限公司有限空间作业安全工作规定》附表 6-3 中常用可燃气体或蒸气爆炸下限。

编号	违章种类	严重违章内容	释义
74	行为违章	动火作业前，未清除动火现场及周围的易燃物品。	动火作业前，未清除动火现场及周围（电网作业现场不得在易燃易爆物品周围 10m 内焊接或切割；水电作业不得在易燃易爆物品周围 5m 进行焊接；水电油漆作业现场 10m 内不得进行明火作业）的汽油、乙醇、乙炔、液化气体、爆破用雷管等《危险货物品名表》（GB 12268—2005）、《危险化学品名录》所列易燃物品。
75	行为违章	生产和施工场所未按规定配备消防器材或配备不合格的消防器材。	调度室、变压器等充油设备、电缆间及电缆通道、开关室、电容器室、控制室、集控室、计算机房、数据中心机房、通信机房、换流站阀厅、电子设备间、蓄电池室（铅酸）、档案室、油处理室、易燃易爆物品存放场所、森林防火区以及各单位认定的其他生产和施工场所未按《电力设备典型消防规程》（DL 5027—93）、《建筑灭火器配置设计规范》（GB 50140—2005）等要求配备消防器材或配备不合格的消防器材。
76	行为违章	作业现场违规存放民用爆炸物品。	1. 作业现场临时存放的爆破器材超过公安机关审批同意的数量或当天所需要的种类和当班爆破作业用量。 2. 作业现场民用爆炸物品临时存放点安全保卫措施不符合《民用爆炸物品安全管理条例》（国务院令第 466 号）、《爆破安全规程》（GB 6722—2003）、《国家电网有限公司民用爆炸物品安全管理工作规范》等规定要求。

编号	违章种类	严重违章内容	释　义
77	行为违章	擅自倾倒、堆放、丢弃或遗撒危险化学品。	1.未对危险化学品废弃物进行无害化处理。 2.未采取防扬散、防流失、防渗漏或者其他防止污染环境的措施。 3.擅自倾倒、堆放、丢弃或遗撒危险化学品。
78	行为违章	带负荷断、接引线	1.非旁路作业时，带负荷断、接引线。 2.用断、接空载线路的方法使两电源解列或并列。 3.带电断、接空载线路时，线路后端所有断路器（开关）和隔离开关（刀闸）未全部断开，变压器、电压互感器未全部退出运行。
79	行为违章	电力线路设备拆除后，带电部分未处理。	1.施工用电线路、电动机械及照明设备拆除后，带电部分未处理。 2.运行线路设备拆除后，带电部分未处理。 3.带电作业断开的引线、未接通的预留引线送电前，未采取防止摆动的措施或与周围接地构件、不同相带电体安全距离不足。
80	行为违章	在互感器二次回路上工作，未采取防止电流互感器二次回路开路，电压互感器二次回路短路的措施。	1.短路电流互感器二次绕组时，短路片或短路线连接不牢固，或用导线缠绕。 2.在带电的电压互感器二次回路上工作时，螺丝刀未用胶布缠绕。

续表

编号	违章种类	严重违章内容	释　义
81	行为违章	起重作业无专人指挥。	以下起重作业无专人指挥： 1. 被吊重量达到起重作业额定起重量的80%。 2. 两台及两台以上起重机械联合作业。 3. 起吊精密物件、不易吊装的大件或在复杂场所（人员密集区、场地受限或存在障碍物）进行大件吊装。 4. 起重机械在临近带电区域作业。 5. 易燃易爆品必须起吊时。 6. 起重机械设备自身的安装、拆卸。 7. 新型起重机械首次在工程上应用。
82	行为违章	高压业扩现场勘察未进行客户双签发；业扩报装设备未经验收，擅自接火送电。	1. 高压业扩现场勘察，作业单位和客户未在现场勘察记录中签名。 2. 未经供电单位验收合格的客户受电工程擅自接（送）电。 3. 未严格履行客户设备送电程序擅自投运或带电。
83	行为违章	未按规定开展现场勘察或未留存勘察记录；工作票（作业票）签发人和工作负责人均未参加现场勘察。	1.《国家电网有限公司作业安全风险管控工作规定》附录 D "需要现场勘察的典型作业项目"未组织现场勘察或未留存勘察记录。 2. 输变电工程三级及以上风险作业前，未开展作业风险现场复测或未留存勘察记录。 3. 工作票（作业票）签发人、工作负责人均未参加现场勘察。 4. 现场勘察记录缺少与作业相关的临近带电体、交叉跨越、周边环境、地形地貌、土质、临边等安全风险。

编号	违章种类	严重违章内容	释　义
84	行为违章	脚手架、跨越架未经验收合格即投入使用。	脚手架、跨越架搭设后未经使用单位（施工项目部）、监理单位验收合格，未挂验收牌，即投入使用。
85	管理违章、行为违章	对"超过一定规模的危险性较大的分部分项工程"（含大修、技改等项目），未组织编制专项施工方案（含安全技术措施），未按规定论证、审核、审批、交底及现场监督实施。	1. 超过一定规模的危险性较大的分部分项工程（《住房城乡建设部办公厅关于实施〈危险性较大的分部分项工程安全管理规定〉有关问题的通知》规定的"超过一定规模的危险性较大的分部分项工程范围"，含大修、技改等项目），未按规定编制专项施工方案(含安全技术措施)。 2. 专项施工方案（含安全技术措施）未按规定组织专家论证；建设单位项目负责人、监理单位项目总监理工程师、总承包单位和分包单位技术负责人或授权委派的专业技术人员未参加专家论证会。 3. 专项施工方案（含安全技术措施）未按以下规定履行审核程序： (1) 重大（一级）作业风险管控措施应由地、市级单位分管领导组织审核，工程施工作业由建设管理单位专业管理部门组织审核； (2) 较大（二、三级）作业风险管控措施应由地、市级单位专业管理部门组织审核，工程施工作业由业主（监理）项目部审核。 4. 作业单位（施工项目部）未组织专项施工方案（含安全技术措施）现场交底，未指定专人现场监督实施。

续表

编号	违章种类	严重违章内容	释　义
86	行为违章	三级及以上风险作业管理人员（含监理人员）未到岗到位进行管控。	1. 一级风险作业，相关地、市公司级单位或建设管理单位副总工程师及以上领导未到岗到位；省公司级单位专业管理部门未到岗到位。 2. 二、三级风险作业相关地、市公司级单位或建设管理单位专业管理部门负责人或管理人员、县公司级单位负责人未到岗到位。 3. 三级风险作业，监理未全程旁站；二级及以上风险作业，项目总监或安全监理未全程旁站。
87	行为违章	电力监控系统作业过程中，未经授权，接入非专用调试设备，或调试计算机接入外网。	1. 电力监控系统作业开始前，未对作业人员进行身份鉴别和授权。 2. 电力监控系统上工作未使用专用的调试计算机及移动存储介质。 3. 调试计算机未与外网隔断、接入外网。
89	管理违章	劳务分包单位自备施工机械设备或安全工器具。	1. 劳务分包单位自备施工机械设备或安全工器具。 2. 施工机械设备、安全工器具的采购、租赁或送检单位为劳务分包单位。 3. 合同约定由劳务分包单位提供施工机械设备或安全工器具。
90	管理违章	施工方案由劳务分包单位编制。	施工方案仅由劳务分包单位或劳务分包单位人员编制。

续表

编号	违章种类	严重违章内容	释 义
91	管理违章	监理单位、监理项目部、监理人员不履责。	1. 监理单位及监理人员未执行《建设工程安全生产管理条例》（国务院令第393号）第十四条规定，现场存在违章应发现而未发现，有违章不制止、不报告、不记录。 2. 未按《国家电网有限公司施工项目部标准化管理手册》要求，填报、审查、批准和查阅施工策划文件、开（复）工及施工进度计划、关键管理人员、特种作业人员、特种设备、施工机械、工器具、安全防护用品、工程材料等相关工程文件及报审（检查）记录。 3. 未对以下作业现场进行旁站监理： (1) 三级及以上作业风险。 (2) 用电布设和接火、水上或索道架设、运输，脚手架搭设和拆除、深基坑、高边坡开挖等高风险土建施工、邻电作业。 (3) 危险性大的立杆组塔、"三跨"作业。 (4) 危险性大的架线施工、邻电起重、多台同吊、构架及管母等大型设备吊装。 (5) 变压器、电抗器安装。 (6) 重要一次设备耐压试验。 (7) 改扩建工程一、二次设备安装试验。 (8) 采用新技术、新工艺、新材料、新装备作业。 (9) 尚无相关技术标准的危险性较大的分部分项工程等作业点位。

续表

编号	违章种类	严重违章内容	释　义
92	管理违章	监理人员未经安全准入考试并合格；监理项目部关键岗位（总监、总监代表、安全监理、专业监理等）人员不具备相应资格；总监理工程师兼任工程数量超出规定允许数量。	1. 监理单位和人员未通过安全生产风险管控平台准入。 2. 监理项目部关键岗位（总监、总监代表、安全监理、专业监理等）人员不具备《国家电网有限公司监理项目部标准化管理手册》规定的相应资格。 3. 总监理工程师兼任多个特高压工程或兼任工程总数超过 3 个。 4. 总监理工程师兼任 2~3 个非特高压变电工程或总长未超过 50km 的非特高压输电线路工程或配电网工程项目部总监，未经建设管理单位书面同意。
93	管理违章	安全风险管控平台上的作业开工状态与实际不符；作业现场未布设与安全风险管控平台作业计划绑定的视频监控设备，或视频监控设备未开机、未拍摄现场作业内容。	略。
94	管理违章	应拉断路器（开关）、应拉隔离开关（刀闸）、应拉熔断器、应合接地刀闸、作业现场装设的工作接地线等未在工作票上准确登录；工作接地线未按票面要求准确登录安装位置、编号、挂拆时间等信息。	1. 工作票中应拉断路器（开关）、应拉隔离开关（刀闸）、应拉熔断器、应合接地刀闸、应装设的接地线等未在工作票上准确登录。 2. 作业现场装设的工作接地线未全部列入工作票，未按票面要求准确登录安装位置、编号、挂拆时间等信息。

续表

编号	违章种类	严重违章内容	释　义
95	行为违章	高压带电作业时未穿戴绝缘手套等绝缘防护用具；高压带电断、接引线或带电断、接空载线路时未戴护目镜。	1. 作业人员开展配电带电作业未穿着绝缘服或绝缘披肩、绝缘袖套、绝缘手套、绝缘安全帽等绝缘防护用具。 2. 高压带电断、接引线或带电断、接空载线路作业时未戴护目镜。
96	行为违章	汽车式起重机作业前未支好全部支腿；支腿未按规程要求加垫木。	1. 汽车式起重机作业过程中未支好全部支腿；支腿未加垫木；垫木不符合要求。 2. 起重机车轮、支腿或履带的前端、外侧与沟、坑边缘的距离小于沟、坑深度的1.2倍时，未采取防倾倒、防坍塌措施。
97	管理违章	链条葫芦、手扳葫芦、吊钩式起重滑车等装置的吊钩和起重作业使用的吊钩无防止脱钩的保险装置。	1. 链条葫芦、手扳葫芦吊钩无封口部件。 2. 吊钩式起重滑车无防止脱钩的钩口闭锁装置。 3. 起重作业使用的吊钩无防止脱钩的保险装置。
98	管理违章	绞磨、卷扬机放置不稳；锚固不可靠；受力前方有人；拉磨尾绳人员位于锚桩前面或站在绳圈内。	1. 绞磨、卷扬机未放置在平整、坚实、无障碍物的场地上。 2. 绞磨、卷扬机锚固在树木或外露岩石等承力大小不明物体上；地锚、拉线设置不满足现场实际受力安全要求。 3. 绞磨、卷扬机受力前方有人。 4. 拉磨尾绳人员位于锚桩前面或站在绳圈内。

续表

编号	违章种类	严重违章内容	释　义
99	行为违章	导线高空锚线未设置二道保护措施。	1. 平衡挂线、导地线更换作业过程中，导线高空锚线未设置二道保护措施。 2. 更换绝缘子串和移动导线作业过程中，采用单吊（拉）线装置时，未设置防导线脱落的后备保护措施。
101	管理违章	作业现场被查出一般违章后，未通过整改核查擅自恢复作业。	1. 现场被查出一般违章后，未中止作业并按要求立查立改。 2. 违章未通过整改核查即擅自恢复作业。
102	管理违章	领导干部和专业管理人员未履行到岗到位职责，相关人员应到位而不到位、应把关而不把关、到位后现场仍存在严重违章。	1. 领导干部和专业管理人员未按以下要求到岗到位： (1) 一级风险作业，相关地市公司级单位或建设管理单位副总师及以上领导应到岗到位；省公司级单位专业管理部门应到岗到位。 (2) 二、三级风险作业，相关地市公司级单位或建设管理单位专业管理部门负责人或管理人员、县公司级单位负责人应到岗到位。 (3) 四、五级风险作业，县公司级单位专业部门管理人员或相关班组（供电所）负责人应到岗到位。 2. 领导干部和专业管理人员未履责把关，到位后现场仍存在严重违章等情况。

编号	违章种类	严重违章内容	释　义
103	管理违章	安监部门、安全督查中心、安全督查队伍不履责，未按照分级全覆盖要求开展督查、本级督查后又被上级督察发现严重违章、未对停工现场执行复查或核查。	1.安监部门、安全督查中心、安全督查队伍未按照分级全覆盖要求开展督查。 2.安全督查中心、安全督查队伍开展督查后，同一作业现场又被上级督查发现应发现而未发现的严重违章（安全督查中心、队伍未发现严重违章追责清单）。 3.安全督查中心、安全督查队伍未对停工现场执行复查或核查。
104	管理违章	作业现场视频监控终端无存储卡或不满足存储要求。	1.作业现场视频监控终端无存储卡。 2.作业现场视频终端存储功能不满足以下要求： (1) 存储卡容量不低于256GB。 (2) 具备终端开关机、视频读写等信息记录功能，并能够回传安全生产风险管控平台。

第五部分
2022 年典型违章图册

一、输电专业

序号	（一）红线违章		
1		违章内容	施工作业基础施工阶段均为无计划施工。
		违反条款	《国网蒙东电力反违章管理实施细则》典型违章分类明细第 1 条：无计划作业，或实际作业内容与计划不符。

序号	（二）I 类严重违章		
2		违章内容	高处作业人员沿铁塔斜材下塔；下塔过程中失去安全保护。存在人员高坠风险。
		违反条款	《国家电网有限公司关于进一步加大安全生产违章惩处力度的通知》严重违章清单第 13 条：高处作业、攀登或转移作业位置时失去保护。

序号	（二）Ⅰ类严重违章		
3		违章内容	高处作业人员在垂直转移作业位置时失去保护。
		违反条款	《国家电网有限公司关于进一步加大安全生产违章惩处力度的通知》严重违章清单第 13 条：高处作业、攀登或转移作业位置时失去保护。
序号	（三）Ⅲ类严重违章		
4		违章内容	绝缘子更换过程中，对导线的锚固缺少二道保护措施。存在导线滑脱伤人的风险。
		违反条款	《国网安监部关于追加严重违章条款的通知》严重违章清单第 99 条：导线高空锚线未设置二道保护措施。

续表

序号	（三）Ⅲ类严重违章		
5		违章内容	工作票中所列的 44 名作业人员，仅有 8 人履行签字确认手续；作业票中变更后的工作负责人未履行新增人员签字手续。
5		违反条款	《国家电网有限公司关于进一步加大安全生产违章惩处力度的通知》严重违章清单第 64 条：票面缺少工作负责人、工作班成员签字等关键内容。
6		违章内容	工作票多项关键时间信息逻辑错误，签发时间晚于工作许可时间；计划开工时间晚于结束时间。
6		违反条款	《国家电网有限公司关于进一步加大安全生产违章惩处力度的通知》严重违章清单第 64 条：票面缺少工作负责人、工作班成员签字等关键内容。

续表

序号	(三)Ⅲ类严重违章		
7		违章内容	现场作业人员(王×)无安全准入。
7		违反条款	《国网蒙东电力反违章管理实施细则》严重违章示例第 53 条:现场作业人员未经安全准入考试并合格;新进、转岗和离岗 3 个月以上电气作业人员,未经专门安全教育培训,并经考试合格上岗。
8		违章内容	工作票工作开始时间、工作负责人等内容未填写。
8		违反条款	《国网蒙东电力反违章管理实施细则》严重违章示例第 66 条:票面缺少工作负责人、工作班成员签字等关键内容。

续表

序号	（三）Ⅲ类严重违章		
9	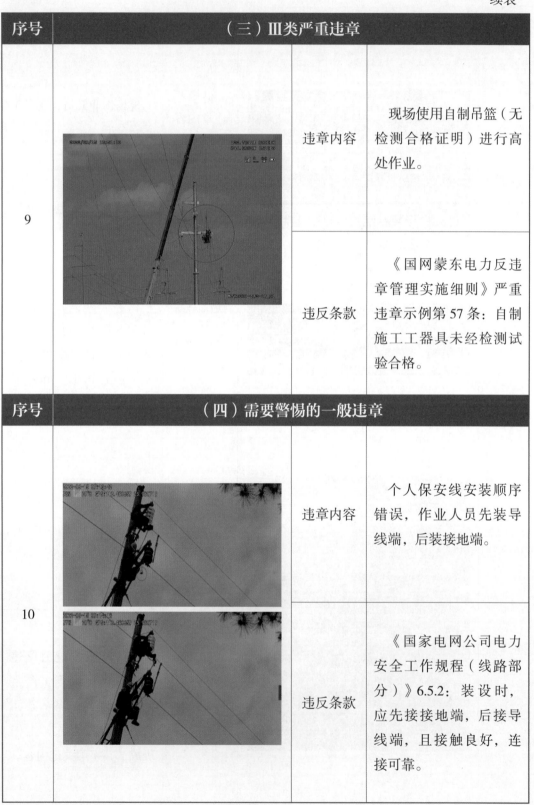	违章内容	现场使用自制吊篮（无检测合格证明）进行高处作业。
		违反条款	《国网蒙东电力反违章管理实施细则》严重违章示例第 57 条：自制施工工器具未经检测试验合格。
序号	（四）需要警惕的一般违章		
10		违章内容	个人保安线安装顺序错误，作业人员先装导线端，后装接地端。
		违反条款	《国家电网公司电力安全工作规程（线路部分）》6.5.2：装设时，应先接接地端，后接导线端，且接触良好，连接可靠。

续表

序号	（四）需要警惕的一般违章		
11		违章内容	杆上作业人员安全带系在另外一名作业人员的后备保护绳上，并非牢固构件上。
		违反条款	《国家电网有限公司电力安全工作规程（线路部分）》10.9：安全带的挂钩或绳子应挂在结实牢固的构件或专为挂安全带用的钢丝绳上，并应采用高挂低用的方式。
12		违章内容	杆上作业人员高空抛扔物品。
		违反条款	《国家电网有限公司电力安全工作规程（线路部分）》10.12：高处作业应一律使用工具袋。较大的工具应用绳拴在牢固的构件上，工件、边角余料应放置在牢靠的地方或用铁丝扣牢并有防止坠落的措施，不准随便乱放，以防止从高空坠落发生事故。

续表

序号	(四)需要警惕的一般违章		
13		违章内容	杆上人员将断线剪子挂在绝缘子串上,未绑扎固定。
		违反条款	《国家电网有限公司电力安全工作规程(线路部分)》10.12:高处作业应一律使用工具袋。较大的工具应用绳拴在牢固的构件上,工件、边角余料应放置在牢靠的地方或用铁丝扣牢并有防止坠落的措施,不准随便乱放,以防止从高空坠落发生事故。
14		违章内容	采用单吊线装置更换绝缘子串时,未采取防止导线脱落的后备保护措施。
		违反条款	《国家电网公司电力安全工作规程(线路部分)》11.1.9:更换绝缘子串和移动导线的作业,当采用单吊(拉)线装置时,应采取防止导线脱落时的后备保护措施。

续表

序号	（四）需要警惕的一般违章		
15		违章内容	现场使用的纤维绳松股。
		违反条款	《国家电网公司电力安全工作规程（线路部分）》14.2.12.1：有霉烂、腐蚀、损伤者不准用于起重作业，纤维绳出现松股、散股、严重磨损、断股者禁止使用。
16		违章内容	塔上作业人员后备保护绳对接使用，后备保护绳超过 3m 未使用缓冲器。
		违反条款	《国家电网公司电力安全工作规程（线路部分）》9.2.4：在杆塔上作业时，应使用有后备保护绳或速差自锁器的双控背带式安全带，当后备保护绳超过 3m 时，应使用缓冲器。

续表

序号	（四）需要警惕的一般违章		
17		违章内容	塔上 2 名作业人员共用 1 只速差自控器、塔上作业人员抽烟。
		违反条款	《国家电网公司电力安全工作规程（线路部分）》速差自控器试验要求：将（100±1）kg荷载用 1m 长绳索连接在速差自控器上，从与速差自控器水平位置释放，测试冲击力峰值在（6±0.3）kN 之间为合格。
18		违章内容	施工方案编审签字不完整。
		违反条款	《国家电网有限公司关于进一步加强生产现场作业风险管控工作的通知》附件 5 第 5.1 方案编制与审批：Ⅲ级检修作业方案由检修单位组织编制。

序号	（四）需要警惕的一般违章		
19		违章内容	现场勘察记录未记录需配合停电的跨越线路。
		违反条款	《国家电网有限公司作业安全风险管控工作规定》第二十条 现场勘察应包括：工作地点需停电的范围，保留的带电部位，作业现场的条件、环境及其他危险点、需要采取的安全措施，附图及说明等内容。
20		违章内容	现场勘察记录未明确与邻近带电设备的距离、危险点及预控措施等关键要素。
		违反条款	《国家电网有限公司关于进一步加强生产现场作业风险管控工作的通知》四、现场勘察组织明确停电作业范围、与邻近带电设备的距离、危险点及预控措施等关键要素。

序号	（四）需要警惕的一般违章		
21		违章内容	现场使用的安全带试验时间有误、标签磨损，手扳葫芦链条锈蚀。
		违反条款	《国家电网有限公司电力安全工器具管理规定》第二十六条：安全工器具经预防性试验合格后，应由检测机构在合格的安全工器具上牢固粘贴"合格证"标签或电子标签，同时出具检测报告。
22		违章内容	临时接地体埋深小于0.6m。
		违反条款	《国家电网公司电力安全工作规程（线路部分）》6.4.7：无接地引下线的杆塔，可采用临时接地体。临时接地体的截面积不准小于埋深不准小于0.6m。

续表

序号	（四）需要警惕的一般违章		
23	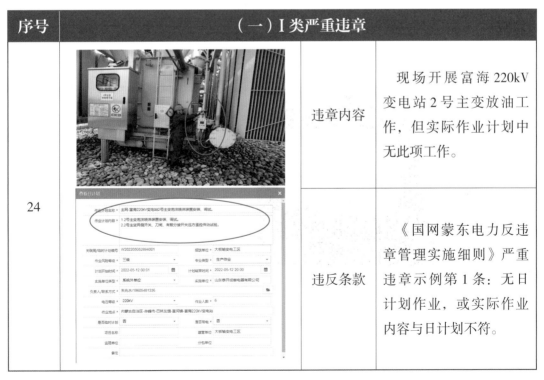	违章内容	现场勘察记录复勘表中未填写风险定级结论。
		违反条款	《输变电工程建设施工安全风险管理规程》（Q/GDW 12152—2021）附录B现场勘察记录（表式）注3：当本表用于复测时，"应采取的安全措施"栏中必须有结论，确定风险是否升级（不变或降级）。

二、变电专业

序号	（一）Ⅰ类严重违章		
24		违章内容	现场开展富海220kV变电站2号主变放油工作，但实际作业计划中无此项工作。
		违反条款	《国网蒙东电力反违章管理实施细则》严重违章示例第1条：无日计划作业，或实际作业内容与日计划不符。

续表

序号	（一）I类严重违章		
25		违章内容	现场作业人员进入电缆沟作业未进行"先通风、后检测"，无检测记录。
		违反条款	《国网蒙东电力反违章管理实施细则》严重违章示例第 14 条：有限空间作业未执行"先通风、再检测、后作业"要求；未正确设置监护人；未配置或不正确使用安全防护装备、应急救援装备。
26		违章内容	作业现场使用的安全带超过检验日期。
		违反条款	《国网蒙东电力反违章管理实施细则》严重违章示例第 4 条：使用达到报废标准的或超出检验期的安全工器具。

续表

序号	（二）Ⅱ类严重违章		
27	 	违章内容	豫章变 500kV 2 号主变停电电网风险预警通知单，未明确存在重要用户风险，实际存在 12 个二级及以上重要用户风险。
		违反条款	《国家电网公司电网运行风险预警管控工作规范》6.2.2：评估重要客户供电方式等安全风险。
28	 	违章内容	检修方案安全距离未考虑斗臂车与带电体安全距离，方案中明确的最小安全距离不满足《电力安全工作规程》最小安全距离要求。
		违反条款	《国家电网公司电力安全工作规程（变电部分）》17.2.3.4：作业时，起重臂架等与架空输电线及其他带电体的最小安全距离不得小于表 18 的规定。

续表

序号	（二）Ⅱ类严重违章		
29		违章内容	科尔沁变电工区变电一次检修一班未按时组织开展安全活动。
		违反条款	《国网蒙东电力反违章管理实施细则》严重违章示例第 16 条：未及时传达学习国家、公司安全工作部署，未及时开展公司系统安全事故（事件）通报学习、安全日活动等。
30		违章内容	现场执行的操作票、工作票中的设备双重名称与现场实际设备双重名称均不一致。
		违反条款	《国家电网有限公司关于进一步加大安全生产违章惩处力度的通知》严重违章清单第 57 条：设备无双重名称，或名称及编号不唯一、不正确、不清晰。

续表

序号	（三）Ⅲ类严重违章		
31		违章内容	作业人员庞××未安全准入。
		违反条款	《国网蒙东电力反违章管理实施细则》严重违章示例第 53 条：现场作业人员未经安全准入考试并合格；新进、转岗和离岗 3 个月以上电气作业人员，未经专门安全教育培训，并经考试合格上岗。
32		违章内容	作业人员擅自跨越围栏。
		违反条款	《国网蒙东电力反违章管理实施细则》严重违章示例第 69 条：作业人员擅自穿、跨越安全围栏、安全警戒线（带电区域）。

序号	（三）Ⅲ类严重违章		
33		违章内容	焊接作业人员无特种作业证。
		违反条款	《国网蒙东电力反违章管理实施细则》严重违章示例第 56 条：特种设备作业人员、特种作业人员、危险化学品从业人员未依法取得资格证书。
34		违章内容	到岗到位人员未履行党的二十大期间作业安全管控要求，未始终在作业现场监督、检查。
		违反条款	《国网蒙东电力反违章管理实施细则》严重违章示例第 88 条：三级及以上风险作业管理人员（含监理人员）未到岗到位进行管控。

序号	（四）需要警惕的一般违章		
35		违章内容	现场工作班成员变动后，工作负责人未在"工作人员变动情况"栏签名确认。
		违反条款	《国家电网公司电力安全工作规程（变电部分）》附录 B（资料性附录）：变电站（发电厂）第一种工作票格式。
36		违章内容	现场斗臂高空作业车三侧支腿支撑不稳固。
		违反条款	《国家电网公司电力安全工作规程（变电部分）》17.2.3.3：作业时，起重机应置于平坦、坚实的地面上，机身倾斜度不准超过制造厂的规定。

续表

序号	（四）需要警惕的一般违章		
37		违章内容	现场使用吊车支腿设置不稳固，单侧支腿下陷，车轮承力。
		违反条款	《国家电网有限公司电力建设起重机械安全监督管理办法》二、流动式起重机作业规定4.流动式起重机作业现场应地面平整坚实，站位符合专项施工方案要求，支腿伸展到位、支平垫稳。
38		违章内容	现场标示牌悬挂错误，应在3021刀闸悬挂的"禁止合闸，有人工作"标示牌，现场错挂至3023刀闸。
		违反条款	《国家电网公司电力安全工作规程（变电部分）》6.3.11.2 工作负责人（监护人）：b）检查工作票所列安全措施是否正确完备，是否符合现场实际条件。

序号	（四）需要警惕的一般违章		
39		违章内容	现场 1 组接地线挂设位置变更，未重新履行签发许可手续。操作票第 60 项实际未执行，操作票中仍打钩确认。
39		违反条款	《国家电网公司电力安全工作规程（变电部分）》6.3.8.8：若需变更或增设安全措施者应填用新的工作票，并重新履行签发许可手续。
40		违章内容	站内高空作业车工作时未及时接地。
40		违反条款	《国网设备部关于进一步加强变电站内起重作业安全风险管控的通知》变电站内起重作业"十禁止、十到位"：5.禁止吊车不接地（不小于 16mm 多股软铜线）起吊。

三、配电专业

序号	（一）红线违章		
41		违章内容	现场组立 82 基杆塔施工过程中，无计划、无票作业。
		违反条款	《国网蒙东电力反违章管理实施细则》典型违章分类明细第 21 条：无计划作业，或实际作业内容与计划不符。
42		违章内容	作业地点未在接地线保护范围内。
		违反条款	《国网蒙东电力反违章管理实施细则》典型违章分类明细第 25 条：作业点未在接地线或接地刀闸保护范围内。

续表

序号	（二）Ⅰ类严重违章		
43		违章内容	作业现场漏挂接地线。
		违反条款	《国网蒙东电力反违章管理实施细则》严重违章示例第 11 条：漏挂接地线或漏合接地刀闸。
44		违章内容	现场无计划、无票作业。
		违反条款	《国网蒙东电力反违章管理实施细则》严重违章示例第 1 条：无计划作业，或实际作业内容与计划不符。

序号	（三）Ⅲ类严重违章		
45	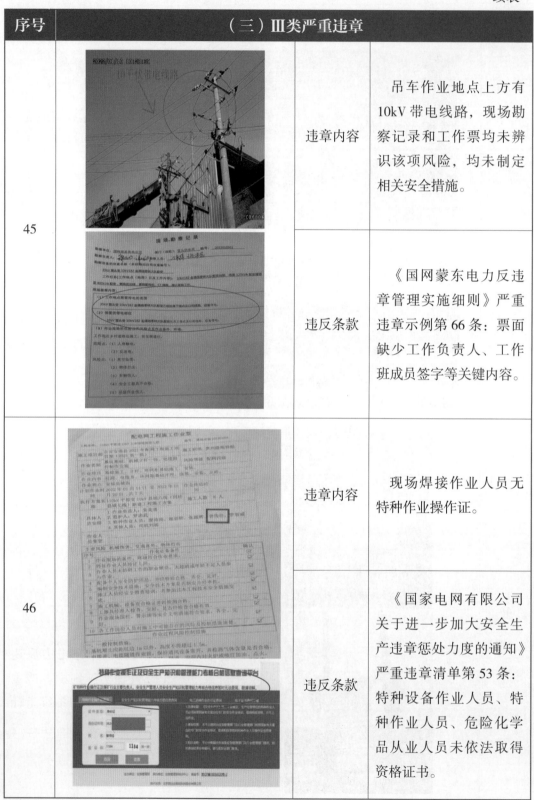	违章内容	吊车作业地点上方有10kV带电线路，现场勘察记录和工作票均未辨识该项风险，均未制定相关安全措施。
		违反条款	《国网蒙东电力反违章管理实施细则》严重违章示例第66条：票面缺少工作负责人、工作班成员签字等关键内容。
46		违章内容	现场焊接作业人员无特种作业操作证。
		违反条款	《国家电网有限公司关于进一步加大安全生产违章惩处力度的通知》严重违章清单第53条：特种设备作业人员、特种作业人员、危险化学品从业人员未依法取得资格证书。

序号	（三）Ⅲ类严重违章		
47		违章内容	现场高处作业人员无相应特种作业资格证书。
47		违反条款	《国家电网有限公司关于进一步加大安全生产违章惩处力度的通知》严重违章清单第53条：特种设备作业人员、特种作业人员、危险化学品从业人员未依法取得资格证书。
48		违章内容	工作班成员赵××、梁××、赵××未安全准入。
48		违反条款	《国网蒙东电力反违章管理实施细则》严重违章示例第53条：现场作业人员未经安全准入考试并合格；新进、转岗和离岗3个月以上电气作业人员，未经专门安全教育培训，并经考试合格上岗。

续表

序号	（三）Ⅲ类严重违章		
49	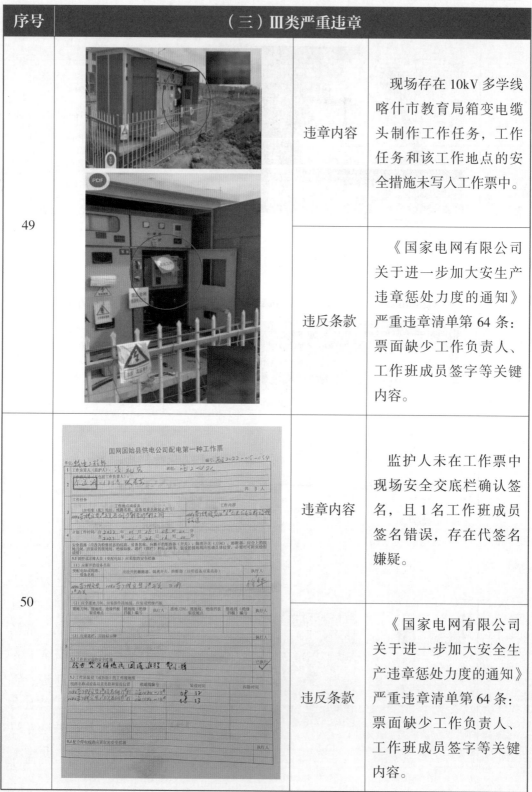	违章内容	现场存在 10kV 多学线喀什市教育局箱变电缆头制作工作任务，工作任务和该工作地点的安全措施未写入工作票中。
49		违反条款	《国家电网有限公司关于进一步加大安全生产违章惩处力度的通知》严重违章清单第 64 条：票面缺少工作负责人、工作班成员签字等关键内容。
50		违章内容	监护人未在工作票中现场安全交底栏确认签名，且 1 名工作班成员签名错误，存在代签名嫌疑。
50		违反条款	《国家电网有限公司关于进一步加大安全生产违章惩处力度的通知》严重违章清单第 64 条：票面缺少工作负责人、工作班成员签字等关键内容。

续表

序号	（三）Ⅲ类严重违章		
51		违章内容	新增加吊车司机赵某，未经现场工作负责人确认记录。工作终结缺少对工作班装设接地线情况的确认。
		违反条款	《国家电网有限公司关于进一步加大安全生产违章惩处力度的通知》严重违章清单第 64 条：票面缺少工作负责人、工作班成员签字等关键内容。
52		违章内容	工作票中"保留或邻近的带电线路、设备"栏中线路杆号涂改。
		违反条款	《国家电网有限公司关于进一步加大安全生产违章惩处力度的通知》严重违章清单第 64 条：票面缺少工作负责人、工作班成员签字等关键内容。

续表

序号	（三）Ⅲ类严重违章		
53		违章内容	配电第一种票中新增人员未在工作票签名栏中进行签名。
		违反条款	《国家电网有限公司关于进一步加大安全生产违章惩处力度的通知》严重违章清单第 64 条：票面缺少工作负责人、工作班成员签字等关键内容。
54		违章内容	1 基杆塔 10kV 与 0.4kV 高低压同塔架设，高低压线路均无杆号牌，另外 1 基杆塔高低压同塔架设，缺少低压杆号牌。
		违反条款	《国家电网有限公司关于进一步加大安全生产违章惩处力度的通知》严重违章清单第 57 条：设备无双重名称，或名称及编号不唯一、不正确、不清晰。

续表

序号	（三）Ⅲ类严重违章		
55		违章内容	交叉跨越的带电线路杆塔上未安装杆号牌。
55		违反条款	《国家电网有限公司关于进一步加大安全生产违章惩处力度的通知》严重违章清单第 57 条：设备无双重名称，或名称及编号不唯一、不正确、不清晰。
56		违章内容	南门洋新村配变 0.4kV 线路 B001-1 号杆无线路名称、杆号。
56		违反条款	《国家电网有限公司关于进一步加大安全生产违章惩处力度的通知》严重违章清单第 57 条：设备无双重名称，或名称及编号不唯一、不正确、不清晰。

续表

序号	（三）Ⅲ类严重违章		
57		违章内容	在工作票登记的一组 0.4kV 接地线装设位置错误写成了 10kV 杆塔号。
57		违反条款	《国家电网有限公司关于进一步加大安全生产违章惩处力度的通知》严重违章清单第 94 条：工作接地线未按票面要求准确登录安装位置、编号、挂拆时间等信息。
58		违章内容	变压器起吊过程中，吊物下站人。
58		违反条款	《国家电网有限公司关于进一步加大安全生产违章惩处力度的通知》严重违章清单第 68 条：起吊或牵引过程中，受力钢丝绳周围、上下方、内角侧和起吊物下面，有人逗留或通过。

序号	（三）Ⅲ类严重违章		
59		违章内容	068 号杆小号侧装设的接地线拆除后，未在工作票中准确登录拆除时间。
		违反条款	《国家电网有限公司关于进一步加大安全生产违章惩处力度的通知》严重违章清单第 94 条：工作接地线未按票面要求准确登录安装位置、编号、挂拆时间等信息。

序号	（四）需要警惕的一般违章		
60		违章内容	配电工作任务单编审不严格，"工作内容及人员分工"中李××非工作班成员。
		违反条款	《国家电网公司电力安全工作规程（配电部分）》3.3.12.2（3）工作负责人：工作前，对工作班成员进行工作任务、安全措施、技术措施交底和危险点告知。

序号	（四）需要警惕的一般违章		
61		违章内容	现场仅办理一份工作任务单存放于小组负责人处，工作负责人未留存。
		违反条款	《国家电网公司电力安全工作规程（配电部分）》3.3.9.8：工作任务单由工作负责人许可，一份由工作负责人留存，一份交小组负责人。
62		违章内容	工作票中安全措施与实际工作不符，实际不涉及临时用电和动火作业，填写不严谨。
		违反条款	《国家电网公司电力安全工作规程（配电部分）》3.3.12.2（2）工作负责人：检查工作票所列安全措施是否正确完备，是否符合现场实际条件，必要时予以补充完善。

续表

序号	（四）需要警惕的一般违章		
63		违章内容	工作票执行不规范。工作票中在"工作地段和范围"错误地填写成了工作内容，且"工作内容及人员分工"栏中未将该作业主要工作内容列入。
63		违反条款	《国家电网有限公司电力安全工作规程（配电部分）》附录 D（资料性附录）：配电带电作业工作票格式。
64		违章内容	绝缘斗臂车绝缘斗在上升靠近 10kV 带电线路过程中，下部操作台无人，工作负责人去装设围栏，监护不到位。
64		违反条款	《国家电网有限公司电力安全工作规程（配电部分）》9.7.4：接近和离开带电部位时，应由绝缘斗中人员操作，下部操作人员不得离开操作台。

序号	（四）需要警惕的一般违章		
65	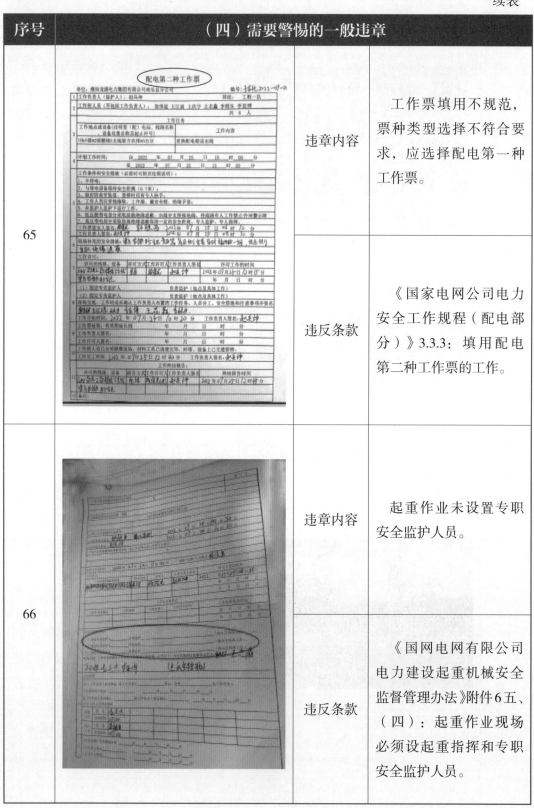	违章内容	工作票填用不规范，票种类型选择不符合要求，应选择配电第一种工作票。
		违反条款	《国家电网公司电力安全工作规程（配电部分）》3.3.3：填用配电第二种工作票的工作。
66	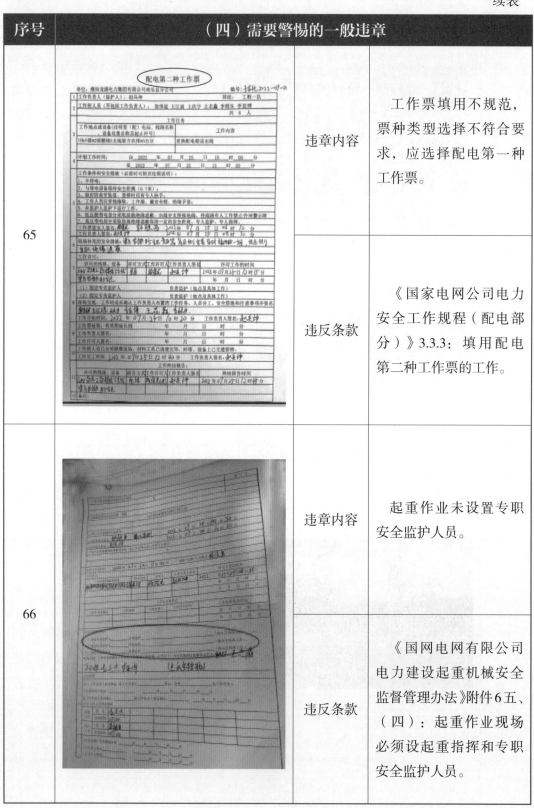	违章内容	起重作业未设置专职安全监护人员。
		违反条款	《国网电网有限公司电力建设起重机械安全监督管理办法》附件6五、（四）：起重作业现场必须设起重指挥和专职安全监护人员。

序号	（四）需要警惕的一般违章		
67		违章内容	现场使用的配电带电作业工作票（编号2022088804）未设置专职监护人。
		违反条款	《国家电网公司电力安全工作规程（配电部分）》9.1.3：带电作业应有人监护。监护人不得直接操作，监护的范围不得超过一个作业点。复杂或高杆塔作业，必要时应增设专责监护人。
68		违章内容	工作在执行中，接地线未拆除，票面接地线拆除信息栏已填写。
		违反条款	《国家电网公司电力安全工作规程（配电部分）》3.7.1：工作完工后，应清扫整理现场，工作负责人（包括小组负责人）应检查工作地段的状况。

续表

序号	（四）需要警惕的一般违章		
69		违章内容	变压器台熔断器的熔管未摘下未悬挂"禁止合闸，有人工作！"或"禁止合闸，线路有人工作！"的标示牌。
		违反条款	《国家电网公司电力安全工作规程（配电部分）》4.2.8：熔断器的熔管应摘下或悬挂"禁止合闸，有人工作！"或"禁止合闸，线路有人工作！"的标示牌。
70		违章内容	劳务分包安全协议条款约定错误，由劳务分包单位自带机具设备及安全工器具。
		违反条款	《国家电网有限公司业务外包安全监督管理办法》第四十三条：采取劳务外包或劳务分包的项目，所需施工作业安全方案、工作票（作业票）、机具设备及工器具等应由发包方负责。

序号	（四）需要警惕的一般违章		
71		违章内容	杆上作业人员拆除接地线未戴绝缘手套。
		违反条款	《国家电网公司安全工作规程（配电部分）》4.4.8：装设、拆除接地线均应使用绝缘棒并戴绝缘手套，人体不得碰触接地线或未接地的导线。
72		违章内容	现场使用的绞磨转动部分无护罩。
		违反条款	《国家电网公司安全工作规程（配电部分）》附录 K 起重机具检查和试验周期、质量参考标准。7 电动及机动绞磨（拖拉机绞磨）（7）：机械转动部分防护罩完整，开关及电动机外壳接地良好。

续表

序号	（四）需要警惕的一般违章		
73	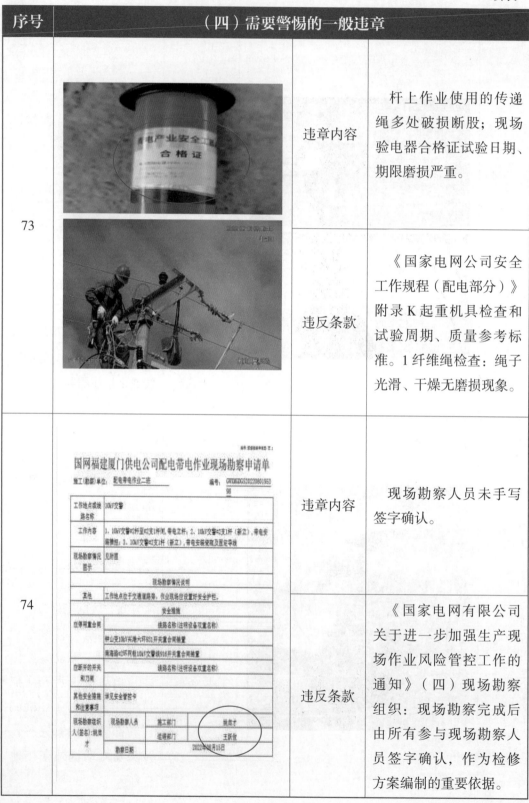	违章内容	杆上作业使用的传递绳多处破损断股；现场验电器合格证试验日期、期限磨损严重。
73		违反条款	《国家电网公司安全工作规程（配电部分）》附录 K 起重机具检查和试验周期、质量参考标准。1 纤维绳检查：绳子光滑、干燥无磨损现象。
74		违章内容	现场勘察人员未手写签字确认。
74		违反条款	《国家电网有限公司关于进一步加强生产现场作业风险管控工作的通知》（四）现场勘察组织：现场勘察完成后由所有参与现场勘察人员签字确认，作为检修方案编制的重要依据。

续表

序号	（四）需要警惕的一般违章		
75		违章内容	现场使用的有限空间"气体检测记录表"引用标准错误、符号错误和单位错误。
		违反条款	《国家电网有限公司有限空间作业安全工作规定（试行）》附录6：常用有毒有害气体、易燃易爆物质浓度标准。

四、电网建设专业

序号	（一）红线违章		
76		违章内容	作业人员未佩戴安全帽。
		违反条款	《国网蒙东电力反违章管理实施细则》典型违章分类明细第45条：未正确佩戴安全帽、使用安全带。

93

续表

序号	(一)红线违章		
77		违章内容	现场未按施工方案要求搭设跨越架，使用吊车代替跨越架进行施工。
		违反条款	《国网蒙东电力反违章管理实施细则》典型违章分类明细第 43 条：三级及以上风险作业现场实际施工方法违背施工方案核心原则。
78		违章内容	现场无计划、无票作业。
		违反条款	《国网蒙东电力反违章管理实施细则》典型违章分类明细第 41 条：无计划作业，无施工作业票。

序号	（二）Ⅰ类严重违章		
79		违章内容	临时通风设施故障未及时修复，检查当日现场每2h氧气检测结果显示，多个作业时段氧气含量低于允许作业值，现场仍在开展作业，违反有限空间作业"先通风，再检测，后作业"的规定。可能造成中毒窒息事故。
79		违反条款	《国家电网有限公司关于进一步加大安全生产违章惩处力度的通知》严重违章清单第14条：有限空间作业未执行"先通风、再检测、后作业"要求；未正确设置监护人；未配置或不正确使用安全防护装备、应急救援装备。
80		违章内容	作业人员攀爬吊臂拆除羊角杆，施工单位冒险组织作业。
80		违反条款	《国网蒙东电力反违章管理实施细则》严重违章示例第2条：存在重大事故隐患而不排除，冒险组织作业。

续表

序号	（三）Ⅱ类严重违章		
81		违章内容	汇能长滩 CN11 地脚螺栓存在螺纹受损现象。
		违反条款	《国网蒙东电力反违章管理实施细则》严重违章示例第 23 条：拉线、地锚、索道投入使用前未开展验收；组塔架线前未对地脚螺栓开展验收；验收不合格，未整改并重新验收合格即投入使用。

序号	（四）Ⅲ类严重违章		
82		违章内容	专项施工方案中，经过计算采用 3t 地锚，现场实际使用 1.5t 钻桩，抗拔力不满足方案计算要求。
		违反条款	《国家电网有限公司关于进一步加大安全生产违章惩处力度的通知》严重违章清单第 65 条：重要工序、关键环节作业未按施工方案或规定程序开展作业。

序号	（四）Ⅲ类严重违章		
83		违章内容	耐张塔挂线前，未使用导体将耐张绝缘子串短接。
		违反条款	《国家电网有限公司关于进一步加大安全生产违章惩处力度的通知》严重违章清单第 71 条：耐张塔挂线前，未使用导体将耐张绝缘子串短接。
84		违章内容	现场监理人员履职不到位，未及时巡视检查发现机动绞磨磨绳缠绕圈数不足的问题。
		违反条款	《国网安监部关于追加严重违章条款的通知》严重违章清单第 91 条：监理单位、监理项目部、监理人员不履责。

序号	（四）Ⅲ类严重违章		
85		违章内容	链条葫芦吊钩无防止脱钩的保险装置。
		违反条款	《国网安监部关于追加严重违章条款的通知》严重违章清单第 97 条：链条葫芦、手扳葫芦、吊钩式滑车等装置的吊钩和起重作业使用的吊钩无防止脱钩的保险装置。
86		违章内容	作业票签发人、工作负责人均未参加现场勘察工作。
		违反条款	《国家电网有限公司关于进一步加大安全生产违章惩处力度的通知》严重违章清单第 83 条：未按规定开展现场勘察或未留存勘察记录；工作票（作业票）签发人和工作负责人均未参加现场勘察。

续表

序号	（四）Ⅲ类严重违章		
87		违章内容	28号牵引场，1名作业人员（机械维保人员付××）未纳入作业票。
87		违反条款	《国家电网有限公司关于进一步加大安全生产违章惩处力度的通知》严重违章清单第64条：票面缺少工作负责人、工作班成员签字等关键内容。
88		违章内容	工作票多项关键时间信息逻辑错误，签发时间晚于工作许可时间；计划开工时间晚于结束时间。
88		违反条款	《国家电网有限公司关于进一步加大安全生产违章惩处力度的通知》严重违章清单第64条：票面缺少工作负责人、工作班成员签字等关键内容。

序号	（四）Ⅲ类严重违章		
89		违章内容	牵引绳使用的绞磨机受力前方 1 人脚踩引绳，拉磨尾绳人员未站在锚桩后方。
		违反条款	《国网安监部关于追加严重违章条款的通知》严重违章清单第 98 条：绞磨、卷扬机放置不稳；锚固不可靠；受力前方有人；拉磨尾绳人员位于锚桩前面或站在绳圈内。
90		违章内容	现场焊接辅助工孙××在国家特种作业操作证信息中未查到电焊工种资格。
		违反条款	《国家电网有限公司关于进一步加大安全生产违章惩处力度的通知》严重违章清单第 53 条：特种设备作业人员、特种作业人员、危险化学品从业人员未依法取得资格证书。

续表

序号	（四）Ⅲ类严重违章		
91	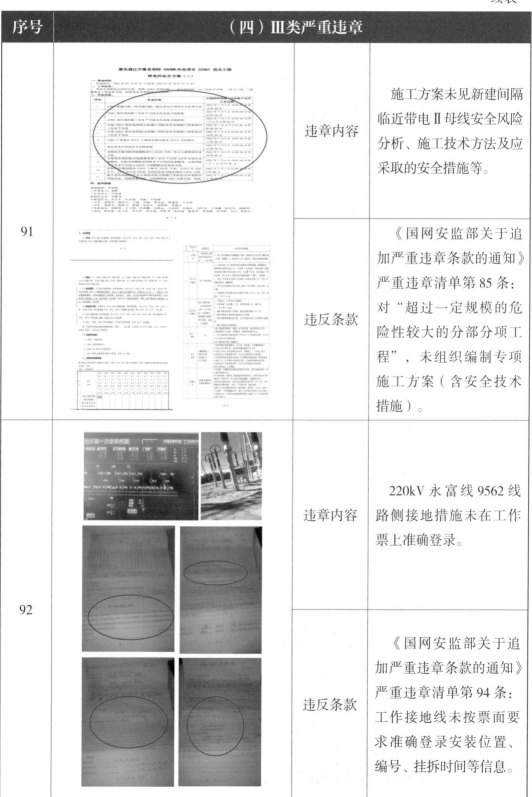	违章内容	施工方案未见新建间隔临近带电Ⅱ母线安全风险分析、施工技术方法及应采取的安全措施等。
		违反条款	《国网安监部关于追加严重违章条款的通知》严重违章清单第 85 条：对"超过一定规模的危险性较大的分部分项工程"，未组织编制专项施工方案（含安全技术措施）。
92		违章内容	220kV 永富线 9562 线路侧接地措施未在工作票上准确登录。
		违反条款	《国网安监部关于追加严重违章条款的通知》严重违章清单第 94 条：工作接地线未按票面要求准确登录安装位置、编号、挂拆时间等信息。

续表

序号	（四）Ⅲ类严重违章		
93		违章内容	作业现场绑定的视频监控设备未拍摄现场作业内容。
93		违反条款	《国网安监部关于追加严重违章条款的通知》严重违章清单第 93 条：作业现场未布设与安全风险管控平台作业计划绑定的视频监控设备，或视频监控设备未开机、未拍摄现场作业内容。
94		违章内容	已展放的牵引绳下方跨越架缺少验收牌，未经验收，无夜间警示装置。
94		违反条款	《国家电网有限公司关于进一步加大安全生产违章惩处力度的通知》严重违章清单第 84 条：脚手架、跨越架未经验收合格即投入使用。

序号	（四）Ⅲ类严重违章		
95		违章内容	放线区段内存在一条平行、多条交叉跨越线路，放线过程中导线未采取接地措施。
		违反条款	《国家电网有限公司关于进一步加大安全生产违章惩处力度的通知》严重违章清单第 70 条：放线区段有跨越、平行输电线路时，导（地）线或牵引绳未采取接地措施。
96		违章内容	吊车转移塔材过程中吊物下站人。
		违反条款	《国网蒙东电力反违章管理实施细则》严重违章示例第 70 条：起吊或牵引过程中，受力钢丝绳周围、上下方、内角侧和起吊物下面，有人逗留或通过。

续表

序号	（四）Ⅲ类严重违章		
97		违章内容	现场使用自制吊篮载人作业（无检测试验合格证明）。
		违反条款	《国网蒙东电力反违章管理实施细则》严重违章示例第 57 条：自制施工工器具未经检测试验合格。
98		违章内容	监理单位履职不到位，监理人员未及时发现现场使用未经检测试验合格的吊篮进行载人作业的违章且未制止。
		违反条款	《国网蒙东电力反违章管理实施细则》严重违章示例第 92 条：监理单位、监理项目部、监理人员不履职。

序号	（五）需要警惕的一般违章		
99		违章内容	特种作业人员资料报审表中人员身份证号码与实际不一致，监理未签署审核意见。
		违反条款	《国家电网公司监理项目部标准化管理手册》2.1 监理项目部重点工作及关键管控节点：（3）审查特种作业人员资格证明文件及履职情况，进行不定期核查。
100		违章内容	工器具报审表和工器具台账中的钢丝绳生产厂家不一致。
		违反条款	《国家电网公司施工项目部标准化管理手册》施工项目部在进行开工准备时，应将机械、工器具、安全防护用品的清单及检验、试验报告、安全准用证等报监理项目部查验。

续表

序号	（五）需要警惕的一般违章		
101	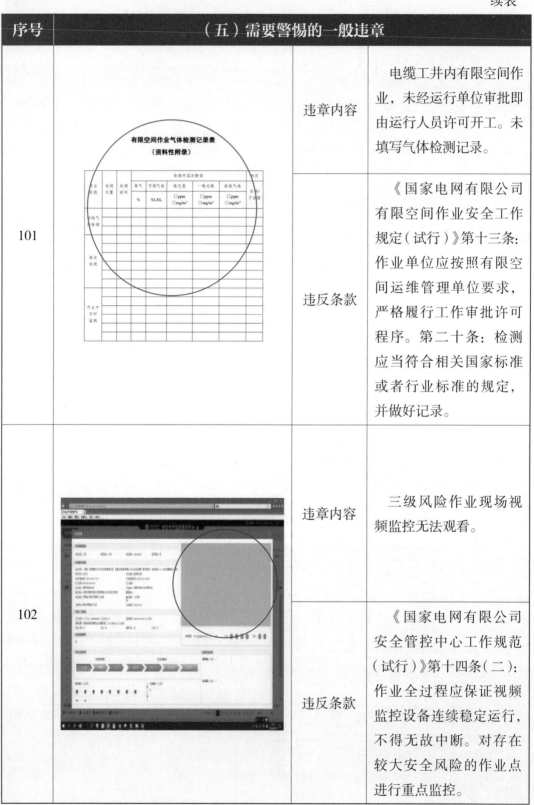	违章内容	电缆工井内有限空间作业，未经运行单位审批即由运行人员许可开工。未填写气体检测记录。
		违反条款	《国家电网有限公司有限空间作业安全工作规定（试行）》第十三条：作业单位应按照有限空间运维管理单位要求，严格履行工作审批许可程序。第二十条：检测应当符合相关国家标准或者行业标准的规定，并做好记录。
102		违章内容	三级风险作业现场视频监控无法观看。
		违反条款	《国家电网有限公司安全管控中心工作规范（试行）》第十四条（二）：作业全过程应保证视频监控设备连续稳定运行，不得无故中断。对存在较大安全风险的作业点进行重点监控。

序号	（五）需要警惕的一般违章		
103		违章内容	工作票票种选用错误，烟囱防腐工作需将烟囱停用，应开具热力机械工作票，现场仅开具工作任务单。
103		违反条款	《国家电网有限公司电力建设安全工作规程第 4 部分：生物质电厂动力》5.3.2 填用发电厂热力机械工作票的工作为：需要将生产设备、系统停止运行或退出备用等任何一项安全措施的检修工作。
104		违章内容	动火工作票 GL-202203007 消防监护人为专业分包单位人员，资质不符合规程要求。
104		违反条款	《电力设备典型消防规程》5.3.8（4）：消防监护人应由本单位专职消防员或志愿消防员担任。

序号	（五）需要警惕的一般违章		
105		违章内容	吊车未设置可靠接地和围栏。
		违反条款	《国家电网有限公司电力建设安全工作规程第 2 部分：线路》7.2.20：起重机在作业时，车身应使用截面积不小于 16mm² 的软铜线可靠接地。作业区域内应设围栏和相应的安全标志。
106		违章内容	作业人员在未满铺且未固定的竹脚板上作业。
		违反条款	《国家电网公司电力建设安全工作规程 第 1 部分：变电》10.3.3.9：作业层脚手板应铺满、铺稳、铺实，作业层端部脚手板探头长度应取 150mm，其板两端均应与支撑杆可靠固定。

序号	（五）需要警惕的一般违章		
107	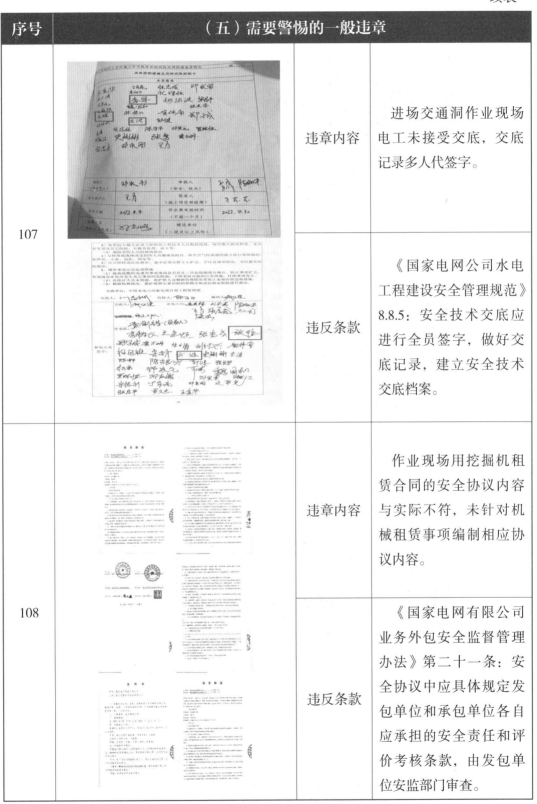	违章内容	进场交通洞作业现场电工未接受交底，交底记录多人代签字。
		违反条款	《国家电网公司水电工程建设安全管理规范》8.8.5：安全技术交底应进行全员签字，做好交底记录，建立安全技术交底档案。
108		违章内容	作业现场用挖掘机租赁合同的安全协议内容与实际不符，未针对机械租赁事项编制相应协议内容。
		违反条款	《国家电网有限公司业务外包安全监督管理办法》第二十一条：安全协议中应具体规定发包单位和承包单位各自应承担的安全责任和评价考核条款，由发包单位安监部门审查。

序号	（五）需要警惕的一般违章		
109		违章内容	作业现场周围有竹林和储油桶，一名作业人员违章吸烟。
		违反条款	《国家电网有限公司电力建设安全工作规程第 2 部分：线路》6.1.6：林区、草地施工现场不得吸烟及使用明火。
110		违章内容	张力场使用的导线盘架无制动装置。
		违反条款	《国家电网有限公司电力建设安全工作规程　第 2 部分：线路》12.2.4：线盘架应稳固，转动灵活，制动可靠。必要时打上临时拉线固定。

序号	（五）需要警惕的一般违章		
111		违章内容	现场使用的电源线盘无漏电保护装置。
		违反条款	《国家电网有限公司电力建设安全工作规程第 1 部分：变电》6.5.4 q）：电动机械或电动工具应做到"一机一闸一保护"。
112		违章内容	电焊机和冲击钻的单相电源线未使用三芯软橡胶电缆；现场使用的电源线盘不符合"一机一闸一保护"装置要求。
		违反条款	《国家电网有限公司电力建设安全工作规程 第 1 部分：变电》8.3.8.1：电动工器具的单相电源线应选用带有 PE 线芯的三芯软橡胶电缆；6.5.4 q）：电动机械或电动工具应做到"一机一闸一保护"。

续表

序号	（五）需要警惕的一般违章		
113		违章内容	劳务分包合同安全协议中约定由劳务分包单位为作业人员配备劳动防护用品（实际由总承包单位提供）。
113		违反条款	《国家电网有限公司业务外包安全监督管理办法》第四十三条：采取劳务外包或劳务分包的项目，所需施工作业安全方案、工作票（作业票）、机具设备及工器具等应由发包方负责。
114		违章内容	张力场使用的导线盘架无制动装置。
114		违反条款	《国家电网有限公司电力建设安全工作规程 第2部分：线路》12.2.4：线盘架应稳固，转动灵活，制动可靠。

序号	（五）需要警惕的一般违章		
115	防汛工作手册2022（上册）	违章内容	防汛工作手册编审批不到位。《防汛工作手册 2022（上册）》中防汛岗位责任制未明确防汛组织网络七个小组（抢险救援组、安全保卫组等）的职责。
115		违反条款	《国家电网公司防汛及防灾减灾管理规定》"水力发电企业防汛检查大纲"1.3：明确与落实各级防汛工作岗位责任制。
116		违章内容	大坝防汛物资库内未配置水泵等必要的防汛物资，应急处理登记表中未注明物品的有效期及更新情况；应急设施／装备／物资清单与防汛抢险储备物资表内容不一致。
116		违反条款	《国家电网公司防汛及防灾减灾管理规定》"水力发电企业防汛检查大纲"10.1：防汛抢险物资和设备储备充足、安全可靠，台账明晰，专项保管。

续表

序号	（五）需要警惕的一般违章		
117		违章内容	高处作业层铺设单侧脚手板，未铺满、铺实；部分位置未设置剪刀撑。
		违反条款	《国家电网有限公司电力建设安全工作规程 第 1 部分：变电》10.3.3.9 a)：作业层脚手板应铺满、铺稳、铺实；10.3.3.7 双排脚手架应设置剪刀撑与横向斜撑，单排脚手架应设置剪刀撑，剪刀撑跨越立杆的角度及根数应按表 14 的规定确定。
118		违章内容	方案中《安全生产法》非现行版，封面时间与编审批不同，风险评估标准过期。
		违反条款	《国家电网有限公司电力建设安全工作规程第 2 部分：线路》5.1 分部分项工程开始作业条件中 5.1.5：施工方案（含安全技术措施）编制完成并交底。

序号	（五）需要警惕的一般违章		
119		违章内容	速差自控器使用不规范，系在正在吊装的塔材上。
		违反条款	《国家电网有限公司电力建设安全工作规程第 2 部分：线路》8.4.2.5 d）：速差自控器应系在牢固的物体上，不得系挂在移动或不牢固的物件上；不得系在棱角锋利处；速差自控器拴挂时不得低挂高用。
120		违章内容	高处作业人员高空抛物。
		违反条款	《国家电网有限公司电力建设安全工作规程第 2 部分：线路》7.1.1.8：上下传递物件应使用绳索，不得抛掷。

序号	（五）需要警惕的一般违章		
121		违章内容	高空人员挂线作业站在复合绝缘子串上。
121		违反条款	《国家电网公司输变电工程质量通病防治工作要求及技术措施》第六十三条附件"安装质量通病防治的技术措施"：合成绝缘子串附件安装时，应使用专用工具，禁止踩踏合成绝缘子。
122		违章内容	架线施工作业 B 票由施工员签发。
122		违反条款	《输变电工程建设施工安全风险管理规程》7.2：三级及以上风险作业按附录 D 填写输变电工程施工作业 B 票，由项目部安全员、技术员审核，项目经理签发后报监理审核后实施。

续表

序号	（五）需要警惕的一般违章		
123		违章内容	速差自控器挂设在斜材上，使用过程中位置滑动。
		违反条款	《国家电网有限公司电力建设安全工作规程第 2 部分：线路》7.1.1.6：高处作业时，宜使用坠落悬挂式安全带，并应采用速差自控器等后备防护设施。安全带及后备防护设施应固定在构件上，应高挂低用。
124		违章内容	拆除模板上朝天钉未拔除或砸平。
		违反条款	《国家电网有限公司电力建设安全工作规程　第 1 部分：变电》10.4.2.2 模板拆除要求：拆下的模板应及时清理，所有朝天钉均拔除或砸平，不得乱堆乱放，不得大量堆放在坑口边，应运到指定地点集中堆放。

续表

序号	（五）需要警惕的一般违章		
125	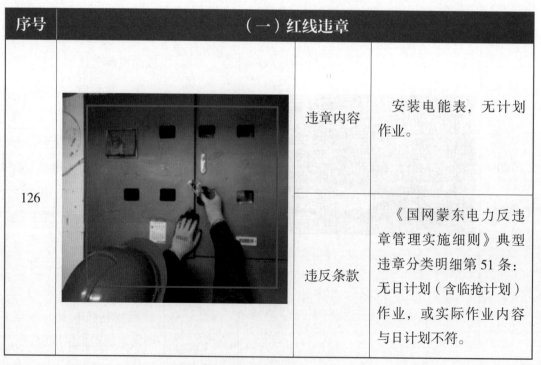	违章内容	施工现场为草地，专责监护人、作业人员抽烟。
		违反条款	《国家电网有限公司电力建设安全工作规程第 2 部分：线路》6.1.6：林区、草地施工现场不得吸烟及使用明火。

五、营销专业

序号	（一）红线违章		
126		违章内容	安装电能表，无计划作业。
		违反条款	《国网蒙东电力反违章管理实施细则》典型违章分类明细第 51 条：无日计划（含临抢计划）作业，或实际作业内容与日计划不符。

续表

序号	（二）Ⅲ类严重违章		
127		违章内容	工作票中未写明应拉断路器、开关等关键安全措施。
		违反条款	《国网安监部关于追加严重违章条款的通知》严重违章清单第 94 条：应拉断路器（开关）、应拉隔离开关（刀闸）、应拉熔断器、应合接地刀闸、作业现场装设的工作接地线未在工作票上准确登录。

序号	（三）需要警惕的一般违章		
128		违章内容	业扩新装作业，现场登杆挂接地线，工作票中缺少防高坠安全措施。
		违反条款	《国家电网有限公司营销现场作业安全工作规程》20.2.1：2m 及以上的高处作业应使用安全带。在没有脚手架或者在没有栏杆的脚手架上工作，高度超过 1.5m 时，应使用安全带，或采取其他可靠的安全措施。

序号	（三）需要警惕的一般违章		
129		违章内容	装拆接地线时未戴绝缘手套。
		违反条款	《国家电网有限公司营销现场作业安全工作规程》7.4.10：装设、拆除接地线应有人监护。装设、拆除接地线均应使用绝缘棒并戴绝缘手套。
130		违章内容	在梯子上作业时，无人扶梯。
		违反条款	《国家电网有限公司营销现场作业安全工作规程》20.3.3：使用梯子前，应先进行试登，确认可靠后方可使用。有人员在梯子上工作时，梯子应有人扶持和监护。

续表

序号	(三）需要警惕的一般违章		
131		违章内容	低压电能表、集中器装拆，填用变电第一种工作票。
		违反条款	《国家电网有限公司营销现场作业安全工作规程》附录I：低压电能表、集中器的新装、更换、拆除，宜使用低压工作票。
132		违章内容	工作票上作业内容不清晰，安全措施漏填。
		违反条款	《国家电网有限公司营销现场作业安全工作规程》6.3.13：工作票签发人，确认工作票上所列安全措施正确完备。工作负责人，检查工作票所列安全措施是否正确完备。

续表

序号	(三)需要警惕的一般违章		
133		违章内容	拆开的引线、断开的线头未采取绝缘包裹等遮蔽措施。
		违反条款	《国家电网有限公司营销现场作业安全工作规程》10.1.4：低压电气工作时，拆开的引线、断开的线头应采取绝缘包裹等遮蔽措施。
134		违章内容	作业人员擅自穿、跨越安全围栏、安全警戒线（不带电区域）。
		违反条款	《国家电网有限公司营销现场作业安全工作规程》5.2.8：作业人员严禁擅自穿、跨越安全围栏或超越安全警戒线，不得单独移开或越过遮栏进行工作。

续表

序号	（三）需要警惕的一般违章		
135		违章内容	作业完成后，未对计量箱加封（锁）。
		违反条款	《直接接入式电能计量装置故障处理标准化作业指导书》实施封印：故障处理后，应对电能表、计量柜（箱）加封，并在故障处理工作单上记录封印编号，或用计量现场作业终端进行抄读。